U0583861

本书得到2020年湖南省教育厅科学研究重点项目"青少年移动上网心理与行为问题干预研究"（项目批准号：20A336）资助。

九州文库

青少年移动上网心理与行为问题研究

盛红勇 著

九州出版社
JIUZHOUPRESS

图书在版编目（CIP）数据

青少年移动上网心理与行为问题研究／盛红勇著
．－－北京：九州出版社，2021.12
ISBN 978-7-5225-0801-6

Ⅰ.①青… Ⅱ.①盛… Ⅲ.①互联网络—影响—青少
年—心理健康—研究 Ⅳ.①B844.2

中国版本图书馆 CIP 数据核字（2022）第 011162 号

青少年移动上网心理与行为问题研究

作　　者	盛红勇　著	
责任编辑	王丽丽	
出版发行	九州出版社	
地　　址	北京市西城区阜外大街甲 35 号（100037）	
发行电话	（010）68992190/3/5/6	
网　　址	www.jiuzhoupress.com	
印　　刷	唐山才智印刷有限公司	
开　　本	710 毫米×1000 毫米　16 开	
印　　张	15.5	
字　　数	206 千字	
版　　次	2022 年 7 月第 1 版	
印　　次	2022 年 7 月第 1 次印刷	
书　　号	ISBN 978-7-5225-0801-6	
定　　价	95.00 元	

★版权所有　侵权必究★

序　言

自人类社会进入21世纪以来，移动网络通信技术和移动智能终端设备的更新换代，掀起了新一轮的信息技术革命，新媒体时代正迎面而来。在新技术革命推动下的新媒体迅速发展，参与受众群体越来越庞大，移动智能终端设备成为人们生活中触手可及而又不可或缺的信息传播与共享载体。由于新兴技术快速、广泛地出现，不但给我们的生活和思维方式带来了巨大的变化，而且改变了我们的沟通交流、工作、购物、社会交往方式等。在日常生活中，我们所经历的一切，几乎都被改变了。

移动互联网凭借其丰富多样的信息资源和便捷的交流方式，吸引着好奇心旺盛的青少年，他们在网络上不断寻求新鲜感，深刻体会到网络的乐趣。移动互联网成为青少年日常生活中不可或缺的重要组成部分。然而，任何事物都有利有弊，开放、互动且信息混杂的虚拟网络环境也对青少年的思想观念、行为方式、心理健康等方面产生了一定的负面影响，甚至诱发极端犯罪案件的发生。由于青少年心理发展还没有完全成熟，自控力不强，容易被网络游戏、网络聊天等活动所吸引，久而久之可能产生比较严重的网络依赖心理。青少年可以利用虚拟网络逃避现实生活中的很多烦恼，他们认为，网络生活是最快乐、最自由的，网络世界是自我世界，只有网络才能够满足他们的各种心理需求。他们有的因此放弃了自己的学业，无节制地将大量时间和精力投入网络中，不顾父母和老师的劝导，甚至不顾后果地逃学、通宵上网，整日"泡"在网络中。网络成瘾给青少年的学习、生活、身体健康等诸多方面带来负面影响，并给成瘾青少年的家庭带来重大危害。

在这种不可回避的移动互联网时代背景下，如何让移动互联网及智能终端设备成为青少年健康成长的有益帮手，成为国家、社会和家长日益关注和研究的重要课题。本书着眼青少年移动上网过程中遇到的各类问题，就青少年使用移动网络现状、问题、原因进行了分析和探讨，并提出了相应的解决对策。研究发现，青少年使用移动上网具有普遍性，移动上网已经成为青少年日常生活中的重要生活方式；移动网络中存在诸多问题，如游戏沉迷、诈骗陷阱、虚假信息、暴力色情信息泛滥、学习资源不合理使用，网络不良信息严重影响青少年身心健康；青少年对各种不良网络信息的警惕性不高、免疫力不强。要解决青少年移动网络使用问题，为青少年营造一片清静、健康的移动网络空间，社会、家庭、学校必须多方面联动，形成治理合力，加强与网络有关的各项法律法规的制定和执行，强化青少年的网络文明素养教育，引导青少年养成良好的网络文明道德。

著者自 2020 年起开始承担湖南省教育厅科学研究重点项目"青少年移动上网心理与行为问题干预研究"的研究工作，这部专著就是该课题的研究成果之一。历时一年多，书稿终于搁笔了。感谢诸多研究网络心理与行为问题的前辈学者们，你们的前期研究工作对于完成本专著帮助重大，在此表示诚挚的感谢！

本课题的研究以及专著的出版还得到了多个项目的支持：

1. 湖南省高等学校"教育学"一级学科应用特色学科（湖南文理学院）。

2. 湖南省教师发展研究基地（湖南文理学院）。

3. 湖南省一流本科"学前教育"专业建设点（湖南文理学院学前教育专业）。

4. 湖南省乡村教师发展创新团队（湖南文理学院）。

5. 湖南省教育体制改革试点项目——乡村振兴战略下地方高校乡村教师协同培养模式的探索与改革。

6. 2021 年度国家级一流本科专业建设点：湖南文理学院学前教育专业。

7. 湖南省"十四五"教育科学研究基地：湖南省乡村教育研究基地——乡村教师发展方向（湖南文理学院）

对以上所有支持课题研究和专著出版的项目致以最真诚的谢意！

由于著者才疏学浅，本书虽然经过多次修改、校对，难免有不当之处，敬请包涵并提出宝贵的指导意见！

目 录
CONTENTS

第一章

互联网与移动互联网发展概述

人们在日常生活、工作中传递信息需要借助于一定的工具和手段，这种以扩大并延伸信息传送的工具被称之为媒介，在远古时代便已经产生并运用到各个方面。在人类漫长的远古时期，先祖们在沟通交流、生产生活乃至繁衍生存上都存在一定的阻碍，"结绳记事"便是远古时代人类摆脱时空限制记录事实、进行传播的手段之一，它发生在语言产生以后、文字出现之前的漫长年代里。"结绳记事"作为远古时期的媒介，起着记录和信息承载作用。随着文字的产生，发挥着信息承载及记录作用的媒介开始不断发生改变，甲骨、青铜、竹简、帛书、麻纸、纸等媒介纷纷登上人类历史的舞台。但随着科学技术的不断发展，媒介开始打破时间及空间限制，各种电子媒介，电影、广播、电视等层出不穷，而此类媒介具有传播速度快、影响范围广，同时亦被大众广泛接受等特点，在当代社会被称之"大众媒介"。大众媒介指书籍、报纸、杂志、无线电、电视等，它们都是用来向社会大众传递消息或影响大众意见的大众传播工具，都是传播信息的媒介。

随着科学技术的不断进步，人类通信技术以及传播媒介又迎来了重大革命，这就是互联网的诞生。随着通信技术的不断发展以及当今世界主题的转变，互联网现有的功能已经远远超出军事和技术目的，成为大众交流

1

和传递信息的重要手段。互联网打破了时间和空间限制，可以不囿于时空的限制来进行信息的沟通与交流，其使用成本相对较为廉价和亲民，能够满足老百姓对于媒介的个性化需求，且在进行信息共享和传播的同时，能够以图像、音频、视频等形式表现出来，更好地呈现了信息真面目。随着自媒体和移动互联网时代的到来，促使信息传播更为高效、即时，并在一定程度上扩充了互联网作为大众信息交流的作用。移动互联网背景下信息交流的发展趋势偏向于个性化，以现代化、电子化、移动化的手段，向不特定的大多数或者特定的单个人传递信息的媒体时代。虽然在信息传播上也许会存在一定的主观意识或偏差，但移动互联网背景下的自媒体时代，信息沟通交流及传播的方式开始大为转变，为人们的生产生活带来了诸多的便利条件。

第一节　互联网的发展及特点

互联网时代的到来、新媒体技术的不断发展，使得对于传统媒体的吸引和推动作用日益削弱。以互联网为代表的新的信息交流手段不断发展并崛起，正在不断地改变着人们的生活、工作和学习方式。

一、互联网的发展及特点

（一）互联网的产生与发展

互联网，英文中的单词是 Internet，故现代计算机互联网也可以称之为因特网，是一种由网络与网络、电脑与计算机之间相互连成的庞大计算机网络系统。该管理网络以一组完整而通用的网络协议结构连接在一起，形成了一个结构逻辑上单一而且庞大的全球化大型互联网信息管理系统。网络中常见的通信设备主要包括无线交换机、路由器等各类型的网络通信设备、各种不同的连接电缆线路、各种类型丰富的服务器和不计其数的电脑、终端装置，使用了互联网就能将所有的信息瞬间传输并发送给千里之外的每个人手中，它也是现代信息社会进步的重要基础。

互联网开始于 1969 年的美国，是美军在美国国防部研究计划署制定的协定下，首先用于军事连接，后将美国西南部的加利福尼亚大学洛杉矶分校、斯坦福大学研究学院、加利福尼亚大学和犹他州大学的 4 台主要的计算机连接起来。另一个推动互联网发展的广域网是 NFS 网（Network File System 的简写，即网络文件系统），它最初是由美国国家科学基金会资助建设的，目的是连接全美的 5 个超级计算机中心，供 100 多所美国大学共享它们的资源。NFS 网也采用 TCP/IP 协议，且与 Internet 相连。

这些网络的最初目的都是为科研服务的，其主要是为用户提供共享大型主机的宝贵资源。随着接入主机数量的增加，越来越多的人把互联网作为通信和交流的工具。一些公司还陆续在互联网上开展了商业活动。随着互联网的商业化，其在通信、信息检索、客户服务等方面的巨大潜力被挖掘出来，使互联网有了质的飞跃，并最终走向全球。

（二）中国互联网的发展

全球互联网自 20 世纪 90 年代开始进入电子商务以来迅速扩大使用范围，已经逐渐发展成为我国乃至全球促进经济发展、社会演变的重要资源交流基础性设施。互联网迅速地渗透于经济与社会生产生活的每一个领域，推动了整个全球信息化的进程。1994 年 4 月，我国正式建立并进入了国际性的互联网。1995 年 5 月向全国的广大社会公众免费地开放了中国的互联网络接入和移动信息服务，互联网在当代整个中国已经逐步地呈现出一种可持续、高质量发展的良好局面。我国的互联网信息技术发展虽然在起步时间上相对晚于国际上的互联网发展，但是自从进入新的网络世纪以来，同样也发展迅速。中国网民规模继续呈现持续快速发展的趋势。根据中国互联网络信息中心（CNNIC）2022 年 2 月发布的《第 49 次中国互联网络发展状况统计报告》，截至 2021 年 12 月，我国网民规模达 10.32 亿，较 2020 年 12 月增长 4296 万，互联网普及率达 73.0%，较 2020 年 12 月提升 2.6 个百分点；我国农村网民规模已达 2.84 亿，占网民整体的 27.6%；城镇网民规模为 7.48 亿，较 2020 年 12 月增长 6804 万，占网民整体的 72.4%；农村地区互联网普及率为 57.6%，较 2020 年 12 月提升 1.7 个百分点，城乡地区互联网普及率差异较 2020 年 12 月缩小 0.2 个百分点。①

《报告》显示，我国网民的互联网使用行为呈现新特点：一是人均上网时长保持增长。截至 2021 年 12 月，我国网民人均每周上网时长达到 28.5 个小时，较 2020 年 12 月提升 2.3 个小时，互联网深度融入人民日常生活。二是上网终端设备使用更加多元。

（三）互联网信息交流的特点

互联网自出现以来，越来越受到大家的欢迎。受欢迎的原因很多，主要有以下几个方面：

1. 信息交流的互动与合作

互联网是一种能够进行彼此交流和沟通，相互合作参与的信息交流平台。网络传播是一种由媒介与受众、主要接触者以及主要接触者之间所构成的多向、互动性传播形式。互动性也被称为交互性，它蕴涵"一对一、一对多、多对一、多对多"的信息传播形态，这是现代网络传媒的基本特性及优势。互联网作为一种公开、自由的信息沟通服务平台，信息的传递与沟通都是双向的，信息传递沟通的一方能够平等地与另外一方进行信息的交流和沟通，而不论对方是大还是小，或者是弱还是强。互联网是一种无核心的、不具备自主意识的开放型组织。在互联网上发展所要强调的就是实现资源共享与双赢的合作发展、协同发展的新模式。一方面，作为一种狭义的、小规模和大范围的传播媒介，互联网已经成为私人之间进行通

---

① 中国互联网络信息中心. 第 49 次中国互联网络发展状况统计报告 [R/OL]. 中国互联网络信息中心网站，2022-0-25. http://www.cnnic.net.cn/hlwfzyj/

讯的极佳工具。在当今的互联网中，电子邮件已经成为使用的最为普遍的一种传播手段和工具。因为随着电子邮件的发展，人与社会之间的交往变得越来越方便和普遍。另一方面，作为一种具有传播广泛的、公开的，对大多数年轻人有效的网络传播和信息沟通媒介，互联网已经通过大量的，每天至少几千人甚至几十万人在线浏览的信息网站，实现了真正的大众网络媒体传播。互联网使一个人能够做到比使用其他任何手段都更快捷、经济、直观、有效地把一个人的思维或者资讯带到这个世界之外。

2. 信息获得的丰富性、便捷性与免费性

互联网环境下的信息资源往往是具有多媒体特征，能以多种形式进行数字化存在，如视频、图片、文字等。互联网中这些有价值的信息通过互联网资源进行整合，信息的储存数据容量大，能高效、快速地被获取。使用户可以直接通过拷贝、粘贴、下载、收集、打印网页等形式保存。360、谷歌、百度等各种专门的搜索引擎和一些网站自有的检索工具飞速发展，使网上搜索资源的查询变得非常便捷。搜索工具强大的检索功能及数字化资源易复制、易存储等特点，加上移动存储设备、电子邮件和全球网络的使用，为人们的信息资源交流提供了良好畅通的渠道。在互联网内，虽然也有一些资源和服务需要付款，但大多数互联网的资源和服务是可以免费提供的。通过信息交换，代替实物交换信息，使信息交换的使用成本降低。所以，互联网日益成为人们获取信息资源的重要渠道。

3. 信息传播的即时性与全球性

即时性主要是一种泛指由于网络中的信息传递系统发生的时效性比较高，发生的事情、所传递给群体的信息都是在很短的一段时间内就可以传递到需要信息的群体，信息沟通具有传递速度快的时域性特点。而且互联网还能够在没有太多空间限制的条件下来直接进行信息的交流，网络上传播出来的范围要远远超过报纸、广播以及电视，具有了全球化的特点。

4. 去中心化与个性化

互联网具有去中心化的特点。去中心化是相对于中心化而言的，以互联网为例，典型的中心化就是各大集中性的门户网站，网络中的每个结点都可以是一个控制中心，以门户网站为中心，可以做到信息媒介传播和散布。然而，在新的互联网时代下，每一个参与到互联网中的个体都可以是信息的控制中心。去中心化主要是指技术对普遍用户的赋予。另外，去中心化也不是人人绝对平等的意思，总有人更善于利用技术赋予的可能性，有人则不善于用或不在乎。当前火热的微博、微信、抖音、QQ 空间等自媒体就是很好的例子。任何人都可以参与其中，都可以发表自己的观点。

另外，互联网作为一个沟通的虚拟平台，它已经可以鲜明地凸显个人的独特性，只有独特的互联网信息资源和服务，才有可能在互联网上不被个人信息的大海所吞噬或淹没。互联网正在引导的时代是一个个性化的社会。信息交流的发展越来越趋向于个性化，适应每一位年轻人的个性化生活需求。近年来，"以用户为中心"的个性化私人定制、个性化感知设计、互动式的用户体验已经成为互联网商务服务的主要理念和思维模式。他们注重对用户的自我体验和感知的满足，并且注重在消费活动进行过程中用户的自我感知，主要呈现为个性化、参与度高等。以社会用户群体为中心的传播和沟通交流模式越来越深入地融合到了策划、设计、功能等一系列的社会用户体验当中，如这些社会媒介软件设计的理念将使得它们会更加具有人文化、情感性、个别化，功能设计上越来越充分地体现了"私人订制"的精神，量身打造等，一切的打造和设计都只能是简单的，是为了满足人们对受众的精细和敏感性需要。也就是说，每一款软件和网页设计的升级或者修改都是为了更好地满足用户对软件的个性化需求。

5. 自由、平等、开放的特性

由于我们使用的互联网具有去中心化特性，所以我们可以说，在整个互联网当中的每一个人都能够积极地参与其中，包括对信息的共享和传递，对于发生的现实事件的各种看法、意见、观点都应该是可以毫无障碍地来表达。这在某种程度上反映了互联网所具有的自由、公开、开放等特征。在互联网上的人际沟通与面对面的社交沟通不同，在面对面的人际沟通中，可能还是会出现个人性别歧视、阶层等级观念的限制和束缚等问题，但是目前互联网时代的社会人际沟通具有匿名性，消除了对等级管理制度的束缚，体现了自由平等的特点。互联网已经成为一个没有国家和地区的虚拟自由大王国，在一定规则范围内，互联网中所有信息的传递和流动自由、用户的语言和文化自由、用户的运行和使用自由。而且互联网也是世界上最为开放的一种计算机网络系统，任何一台电脑都只需要采用tcp/ip 协议即可将其连接起来，实现了对互联网和人力资源的整合与共享。

6. 虚拟的数字化特征

在互联网之中，无论是一种信息被保存的方式或者是媒体信息被传递的方式，它们的传播、复制与散布都必须以数字化的方式得以传播并且存续发展下去。所以，互联网必须要具备数字化的特点。对信息进行数字化的处理，通过信息的流动方式来代替传统实物的流动，使得移动互联网通过虚拟现实技术可以具备许多其他传统现实中难以实现的功能。

二、移动互联网的使用现状及特点

移动互联网主要是指以基于移动互联网络的设备作为主要手段，接入到互联网络的移动互联网及其服务，它与目前我国传统的互联网相比，具有很大的特殊性和差异，移动互联网不仅方便快捷，而且其信息安全性也比较强，能够为广大用户提供准确的、个性化信息服务，它将整个人类世界带入了一个全新的时代。而且移动互联网已成为我国科技进步的一种必然结果，更是引起了人们的广泛重视。当今社会的移动互联网络几乎已经遍布全球，在现代移动互联网技术的推动下，产生了许许多多的移动终端设备和产品，如智能手机、平板电脑、智慧型手表、智能家电、无人驾驶等。无论你身处在这个世界的哪个地方或角落，只要你手中拥有了一个网络，就能够随时随地与自己的亲戚、家人或者朋友进行各种信息上的交流。互联网已经为现代人的未来提供了一种更加个性化的工作生活空间和工作方式，并且已经发展成为整个人类社会日常生活中一个不可或缺的组成部分。它丰富了我们的精神生活，陶冶了我们的整个精神文化世界。比如我们手机上的很多音乐、娱乐、商业服务等。这些五彩缤纷的信息平台都给我们带来了一个崭新的思维世界，也给我们带来了崭新的生活感受。

（一）移动互联网的内涵

移动互联网技术是一种广泛的概念，指利用移动通信技术将移动通信终端和互联网有效结合在一起来形成的整体。用户可以利用智能手机、掌上电脑或其他无线终端设备，通过使用运行速度较高的网络，并且能够在移动的状态下，如在城市地铁、公共汽车等随时、随地访问互联网，以便获取资讯和信息，使用学习、商业、娱乐等多种网络服务。

通过利用移动互联网，人们不仅可以直接利用诸如智能手机、平板电脑等各类移动智能终端应用设备直接去查看、浏览网上相关新闻，还可以利用各类基于移动互联网的相关应用，比如在线新闻搜索、网上聊天、移动网络游戏、手机网络电视、在线新闻阅读、网络音乐社群、收听及免费下载网络音乐。其中，移动互联网环境下的在线网页内容浏览、文件内容下载、位置服务、在线网络游戏、视频内容浏览都已经是其主要的应用服务。移动互联网是未来一段时间内最有创新活力和最具市场潜力的新领域。目前，移动时代的互联网正逐步深深地渗透于整个国家和人们的日常生活、工作的每一个领域，微信、支付宝、汽车定位服务等丰富多彩的移动时代互联网信息技术和行业应用正在不断地迅猛发展，正在深刻地改变着我们的社会经济和生活。近几年，更是成功地连续实现了 3G 经 4G 到 5G 的跨越式快速增长。全球广泛覆盖的高速无线网络和视频信号，使得即便我们是一个身处于南北极洲和非洲沙漠之中的移动手机用户，仍然能够做到可以随时随地与这个现实世界保持各种密切联系。

（二）移动互联网的发展现状

我国现代移动通信互联网的快速发展大体可以总结为四个主要时期，分别是萌芽阶段、培育成长阶段、高速发展阶段和全面发展阶段。①

1. 萌芽阶段（2000—2007 年）

萌芽阶段的移动应用终端主要是基于 WAP （Wireless Application Protocol ，无线应用协议）的应用模式。该时期由于受限于移动 2G 网速和手机智能化程度，中国移动互联网发展处在一个简单 WAP 应用期。WAP 应用把 Internet 网上 HTML（ Hyper Text Markup Language，超文本标记语言）的信息转换成用 WML（无线标记语言，Wireless Markup Language）描述的信息，显示在移动电话的显示屏上。由于 WAP 只要求移动电话和 WAP 代理服务器的支持，而不要求现有的移动通信网络协议做任何的改动，因而被广泛地应用于 GSM、CDMA、TDMA 等多种网络中。在移动互联网萌芽期，利用手机自带的支持 WAP 协议的浏览器访问 WAP 门户网站是当时移动互联网发展的主要形式。

2000 年 12 月，中国移动首次正式推出了移动互联网业务品牌"移动梦网"。移动梦网就像一个大超市，它已经涵盖了手机短信、彩信、手机无线上网（WAP）、百宝箱（手机游戏）等各类丰富多彩的生活信息和网络服务。在当时中国移动梦网的移动通信技术和互联网服务的支撑下，已经迅速涌现了雷霆万钧、空中网等一大批基于移动梦网的移动通信服务提供商，用户通过短信、彩信、手机无线上网等模式享受移动互联网服务。

2. 培育成长阶段（2008—2011 年）

2009 年 1 月 7 日，工业和信息化部为中国移动、中国电信和中国联通发放 3 张第三代移动通信（3G）牌照，此举标志着中国正式进入 3G 时代，3G

---

① 王江汉. 移动互联网概论［M］. 成都：电子科技大学出版社，2018：1-20.

移动网络建设掀开了中国移动互联网发展的新篇章。随着 3G 移动网络的部署和智能手机的出现，移动网速的大幅提升初步破解了手机上网带宽瓶颈，移动智能终端丰富的应用软件让移动上网的娱乐性得到大幅提升。同时，我国在 3G 移动通信协议中制定的 TD SCDMA 协议得到了国际的认可和应用。

在网络发展的成长和培育阶段，各大互联网企业和公司都正努力摸索如何为他们抢占移动互联网的入口，一些大型的互联网企业试图自行推出移动端的浏览器以及网络平台来抢占移动互联网入口，而另一些大型的互联网企业则主要是通过和手机生产商的合作，在智能手机开始生产和销售的时候，就把自己为企业提供服务的应用（比如微博、视频播放器等）预先安装在手机中。

3. 高速发展阶段（2012—2013 年）

随着移动客户端和操作系统应用生态圈的全面规范和快速发展，智能手机的普遍化、规模化广泛应用，在很大程度上促进了移动客户端和手机互联网的快速融合发展。具有移动触摸屏等应用功能的智能手机的大规模普及应用，大大解决了传统的键盘手机无法连接上网的众多不便。安卓智能手机操作系统的普遍安装和手机应用程序商店的出现极大地丰富了手机上网功能，移动互联网应用呈现了爆发式增长。进入 2012 年之后，由于移动上网需求大增，安卓智能操作系统的大规模商业化应用，传统功能手机进入了一个全面升级换代期，传统手机厂商纷纷效仿苹果模式，普遍推出了触摸屏智能手机和手机应用商店，由于触摸屏智能手机上网浏览方便，移动应用丰富，受到了市场的极大欢迎。同时，手机厂商之间竞争激烈，智能手机价格快速下降，千元以下的智能手机大规模量产，推动了智能手机在中低收入人群的大规模普及应用。

4. 全面发展阶段（2014 年至今）

移动互联网的发展永远都离不开移动通信网络的技术支撑，随着移动通信网络的全面覆盖，我国移动互联网伴随着移动网络通信基础设施的升级换代快速发展。在 2009 年，国家开始大规模部署 3G 移动通信网络之后，2014 年又开始大规模部署 4G 移动通信网络。2019 年工信部正式向中国移动、中国电信和中国联通三大运营商发放了 5G 牌照，中国 5G 网络正式大规模铺开。在 5G 大规模铺开的同时，2019 年 11 月，科技部会同发展改革委、教育部、工业和信息化部、中科院、自然科学基金委在北京组织召开 6G 技术研发工作启动会。据说未来 6G 的数据传输速率可能达到 5G 的 50 倍，时延缩短到 5G 的十分之一，在峰值速率、时延、流量密度、连接数密度、移动性、频谱效率、定位能力等方面远远优于 5G。

随着 5G 网络的全面部署，移动上网速度得到极大提高，上网速度瓶颈限制得到基本破除，移动应用场景得到极大丰富。这几次移动通信基础设施的升级换代，有力地促进了中国移动互联网快速发展，服务模式和商业模式也随之大规模创新与发展。5G 移动电话用户扩张带来用户结构不断优化，支付、视频广播等各种移动互联网应用普及，带动数据流量呈爆炸式增长。由于网速、上网便捷性、手机应用等移动互联网发展的外在环境基本得到解决，移动互联网应用开始全面发展。移动互联网时代，手机软件应用是各行各业开展业务的标配，5G 网络催生了许多公司利用移动互联网开展业务。特别是由于 5G 网速大大提高，促进了实时性要求较高、流量较大、需求较大类型的移动应用快速发展，许多手机应用开始大力推广移动视频应用。移动互联网发展迅猛、覆盖面广、用户众多，能为用户提供全天候的在线服务。

手机上网的发展，使得网民的上网选择更加丰富。手机上网以其特有的便捷性，使得其在中国发展迅速。我国网民向移动端转移的趋势进一步强化，手机作为第一大上网终端的地位更加巩固。截至 2021 年 12 月，截至 2021 年 12 月，我国手机网民规模为 10.29 亿，较 2020 年 12 月新增手机网民 4298 万，网民中使用手机上网的比例为 99.7%，手机仍是上网的最主要设备；网民中使用台式电脑、笔记本电脑、电视和平板电脑上网的比例分别为 35.0%、33.0%、28.1% 和 27.4%（如图 1-1）。2021 年，我国移动互联网接入流量达 2216 亿 GB，比上年增长 3.9%（如图 1-2）。①

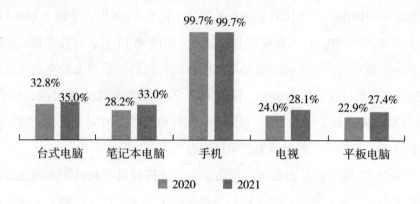

图 1-1 互联网络接入设备使用情况

来源：CNNIC 中国互联网络发展状况统计调查，2020.12.

图 1-2 移动互联网接入流量

来源：工业和信息化部，2020.12.

---

① 中国互联网络信息中心. 第 49 次中国互联网络发展状况统计报告 [R/OL]. 中国互联网络信息中心网站，2022-02-25. http://www.cnnic.cn/hlwfzyj/hlwxzbg/hlwtjbg/202202/t20220225_71727.htm

（三）移动互联网的特点

移动互联网的概念就是在传统互联网基础上进一步发展而成的，因此，二者虽然具有许多共性，但由于移动通信技术和移动终端的发展方式差异，它又必须具备许多其他传统的互联网所没有的创新功能。小巧轻便及通信便捷两个优势，决定了当前我国移动互联网与传统移动互联网之间的根本不同之处、发展趋势及相关联的问题。我们既可以"随时、随地、随心"地感觉到互联网业务给我们带来的便捷，也可以呈现出更丰富的业务范畴、个性化的服务形式和更高水平的服务品质。移动互联网的普及和快速发展，已经使我们的工作和生活变得越来越多姿多彩，它融合信息服务、生活和休闲服务、电子商务、新媒体传播服务平台和其他公共服务等诸多功能于一体，为我们的工作和生活提供了诸多各方面的便利。相较于互联网，移动互联网不仅具备了互联网的特征，同时也具备了移动化特征。移动互联网所具备的便捷性、实时性、准确性和易定位的特点，都极大地满足了人类对信息的需求，随着智能可移动设备和相关产品的日益丰富，移动互联网的重要地位日益凸显。与传统的互联网相比较，移动互联网具有几个鲜明的特性：

1. 新颖性

社会的发展和进步正在驱动着电信产品服务行业与互联网产品服务行业的共性发展，随着我们人类对信息服务需求的增加而不断扩展，电信和互联网产品服务的深度融合已经成为大势所趋。构筑了一个基于移动通信平台的移动互联网业务，不仅很好地发挥了移动通信的优点和功能，同时还拓宽了移动通信的范围，实现了移动通信与互联网之间的双赢。移动通信技术与互联网的完美融合，是历史发展演变的一个必然结果，同时，又是人类迫切利用互联网来实现信息可移动化交流的愿景。

2. 移动性与便捷性

随着当前我国移动互联网这种新型的传播方式的进一步发展，到目前为止,中国移动互联网用户的规模和数量正在不断地扩大和攀升。如今的我们已经变得无法想象,在我们身边所处的社会环境里,如果没有移动互联网,将会给我们带来什么样的危害和后果。移动互联网的迅速发展,使得每一个人在连接网络时,不再只单纯地拘泥在一台计算机之上,而是能够随时地进行数据和信息交换,搜索所需要的各类资源和信息。移动互联网的出现,对人类获取信息的方式产生了巨大的冲击,从有线到无线、从固定传输到移动,其所能给我们人类带来的价值和历史意义都已经是极其深刻的,它所能够给人带来的快速和便捷性也是空前绝后的。

3. 便携性与娱乐性

移动互联网是基于移动通信设备为基础的服务,其基本载体是移动通信设备,即移动终端。随着移动互联网信息科技的快速发展和不断进步,移动应用终端设备的不断推广,譬如移动智能手机、平板家用电脑、智能穿戴眼镜、智能穿戴手表等各种新型的智能移动网络通信设备的大量问世,大大减少了各类移动互联网相关应用终端设备的尺寸,为普通家庭使用轻便的、可以随身携带的新型移动通信终端设备提供了诸多关键技术保障。目前移动互联网的基本设施和网络就是一张立体化的网络,使得所有的移动终端设备都具有了通过以上任何一种形式便捷连接到互联网的特点。这些移动终端不仅涉及了所有的智能手机、平板电脑和笔记本电脑,而且也涉及了智能眼镜、智能手表、服装、饰品等各类随身物品。它们实际上就是属于我们人体佩戴和穿着的组成部分,任何情况下都是可以享受到移动网络的。人们可以装入随身携带的书包和手袋中,并使得用户可以在任意场合接入网络。除了睡眠时间,移动计算机设备一般以远远超过传统计算机的使用时间而伴随着它的主人。这个技术特征决定了如果我们使用一台移动终端设备进行上网,可以给我们带来传统计算机上网不可比拟的巨大优越性,也就是说沟通与信息的获得远比传统计算机设备上网更加方便。用户可以随时随地掌握与娱乐、生活、商业等相关的资讯信息,进行支付、查询周边地理位置等操作，使得手机移动化应用设备可以直接深入到现代社会，满足了衣食住行、吃喝玩乐等方面的需求。移动互联网上的丰富应用，如图片共享、视频广播、音乐识别、电子邮件等，为广大用户的日常生活提供更多的方便服务和乐趣。

4. 即时性和精确性

由于移动互联网的便捷、快速的特点，使得利用生活、工作和学习过程中的琐碎时间来接收和处理互联网的各类信息变为可能，不再担心有任何重要信息、时效信息被错过了。例如，及时的新闻资讯为我们提供了诸多便利，让我们足不出户就能了解最新动态和新鲜资讯，通过移动互联网便能纵览全球，知晓天下；即时通信拉近了人与人之间的距离，在竞争激烈的当代社会，每个人都疲于奔命，忙于追求经济利益的最大化，很少顾忌亲人、同学和老朋友之间的人际关系。即时通信服务为我们提供了便利，在生活、工作、学习之余便可轻松拉近人与人之间的距离，为社会和谐稳定发展创造了新途径和新空间。

5. 定向性与个性化

移动互联网的定向性体现在其所提供的位置服务中，伴随大数据的兴起，移动互联网的新型服务正不断涌现，如打车服务、地图热导航服务等都较为突出，是当今移动互联网的热门话题。通过运用大数据技术、数据挖掘技术对数据进行整理和挖掘，移动互联网能够针对不同用户的不同喜好，提供更加精准、更加丰富的个性化服务。无论是什么样的移动终端，其个性化程度都相当高。尤其是智能手机，每一个电话号码都精确地指向了一个明确的个体。移动互联网能够针对不同的个体，提供更为精准的个性化服务。

6. 感触性和定位性

移动终端屏幕都是可以感触的触摸屏，更重要的是体现在照相、摄像、二维码扫描，以及重力感应、磁场感应、移动感应、温度感应、湿度感应等无所不及的感触功能。而位置服务不仅能够定位移动终端所在的位置，甚至可以根据移动终端的趋向性，确定下一步可能去往的位置，使得相关服务具有可靠的定位性。

7. 交互性

用户可以随身携带和随时使用移动终端，在移动状态下接入和使用移动互联网应用服务。一般而言，人们使用移动互联网应用的时间往往是在上下班途中，在空闲间隙任何一个有网络覆盖的场所，移动用户接入无线网络使用移动业务应用。现在，从智能手机到平板电脑，我们随处可见这些终端发挥强大功能的身影。当人们需要沟通交流的时候，随时随地可以用语音、图文或者视频解决，大大提高了用户与移动互联网的交互性。

第二节　移动互联网使用者的心理与行为特征

随着我国智能手机的快速推广普及，移动无线网络的广泛覆盖，当今世界已全面快速地融入了移动互联网新时代。移动互联网将注定会给中国传统媒体行业带来巨大的冲击。当今社会，无论你在哪个地方、什么样的角落，都应该能真切地感受到现代信息技术所带来的巨大影响力。作为新一代互联网技术，移动互联网正在深刻影响和改变着人们的工作学习和日常生活方式。随着移动互联网技术和业务的不断发展，人们通过移动互联网获取信息数据资源的方式越来越方便，越来越及时，基于移动互联网的网络应用也得到进一步的发展。在此过程中，使用者的心理和行为相较于以往也发生了重大变化。使用者的心理与行为对于移动应用市场的发展走向和趋势具有重要的影响作用。如何抓住移动互联网时代使用者的心理特征和行为习惯，无论是对于使用者而言还是企业商家来说都具有重要的意义。在移动互联时代，不同的用户都表现出了一些典型的行为特点：

一、信息获取的碎片化，导致缺乏深度思考

随着当前我国移动互联网的进一步快速发展与不断普及，资讯的交流变得更为便利、快捷，一切知识在网上看起来似乎已经唾手可得。而且移动互联网每天都会产生铺天盖地的海量信息，给我们带来的信息严重超载，使我们做出正确的选择变得更为困难。个体在面对这些无穷无尽的碎片化消息时，拼命地追赶，生怕自己错过了一条仿佛就会被时代所遗忘和抛弃。面对这些数据信息，个体并没有足够的知识和能力去对其进行系统性的整合，更不用说我们自己还要去研究如何对这些数据进行整理，构建一个系统的知识结构体系，或者说是自己去进行研究和学习。个体很容易淹没在这些数据信息的泡沫里，不容易收获一份真正具有意义和价值的数据。网上阅读变成了一种快捷的，甚至可以说是一种跳跃式的阅读，对于我们所要阅读的内容浅尝辄止，蜻蜓点水、不求甚解。这些碎片化的数据和信息，让许多人失去了自己独立思考的机会，正在一步步地危害到我们深度思考的能力，甚至部分丧失了深度思考的能力。那种突破自己、不断革命创新的精神也必然会受到很大影响。其实我们所获得的一些碎片化的信息，与其说是知识，不如说是常识。在对碎片化信息的获取和分析过程中，我们所收集和得到的数据往往只是一个事实或结论，却没有从理论上学习到真正重要的逻辑框架，而后者和我们的深度理解和思维能力具有直接的联系。在移动互联网信息不断的打扰和干预下，个人很难进入到一个具有深度思维的生活和工作状态。这也正是为什么现在的我们已经开始变得越来越多地喜欢肤浅层次的阅读，而很难进行深层次的阅读。

再由于移动互联网用户需要通过手机等移动终端接入互联网，而不同的应用程序及界面通常交互性功能欠佳，导致用户获取信息往往趋于表面化。

二、上网时间较为零散，使用时机更具有突发性、偶然性

不同于传统的互联网用户，一般都能够做到拥有更加集中的日常上网时间。移动互联网用户往往能够充分利用日常琐碎的时间来上网。由于目前的移动互联网已经完全具备了传统互联网无法比拟的快捷和方便的特点，所以使得用户很有可能因为一时的好奇心理，或者是在某个时候出现的突发社会事件去及时地收集和搜索与其密切相关的资料和信息。这种随机且即时的客户体验和需求模式，被普遍认为是当前移动互联网时代中最明显的客户体验和行为特征。

三、以娱乐和购物为主要使用目的

我国目前的电商服务平台层出不穷，很多人主要是通过移动手机客户端来进行上网或者购物活动。而且，随着移动互联网电子商务平台对于购物和支付等功能的进一步开发和完善，移动互联网的用户可以通过移动手机客户端来进行消费，这样就会获取更大规模的促销推广和运营。

在移动互联网时代，移动通信网络在网络上能够做到视频和声音的结合，并且对数码设备的支持也是传统电脑客户端所无法比拟的，像车载系统的运用、家电数码产品的组合、移动银行支付等。同时，手机客户端网络信息传输的方便，满足人们的休闲娱乐、投资理财、求职创业等活动要求，从而实现人们的梦想。很多人使用移动上网是为了进行社交和在线交流，消磨闲暇时光。对于手机上网获取的信息这一项，很多人表示并没有明确的目标，使用手机互联网在很大程度上来说是用来打发时间的。

四、用户访问信息的习惯性

每个移动互联网用户都会有他们常去的几个网站，进行经常的操作，

就算手机按键，也有经常使用的导航键与确定键、取消键等。现在的网站类别很多，为少年建立的学习与游戏网站，为青年人建立的交友网站、博客、购物网站、娱乐网站等，为中年人建立的资讯、新闻、经验交流网站，几乎就是有需求就有供求。互联网用户操作频率高的功能与服务商家都会首先考虑，他们能够每时每刻把握住互联网用户的使用操作频率，实时把握与预测互联网用户的行为动向，并且及时对软件进行更新升级。把互联网用户的操作频率抓住了，也就抓住了互联网用户的需求与主要关注点。

五、对虚拟网络的依赖性越来越强

在当今的中国移动互联网中，社交网络的产生和发展，已经很大程度上改变了我们传统认识中的人与人的沟通方式，及其传递消息的途径和渠道，社交网络应用平台已经整合了移动互联网、社交服务、手机客户端等各类技术的特点和优势。比如我们在微信朋友圈里面发布一条关于美好祝愿时，会看到许许多多我们所重视的亲戚或者朋友给予我们回复或者点赞，对于他们所回复的各种祝福我们都会深深地感觉到兴奋和激动，这种亲切的心理体验使得我们被尊重的心理需求能够得到满足。在我们社会生活当中的每一个角落，都会发生很多人通过移动互联网方式进行信息共享的现象。在这个移动互联网的新时代，人们之间的距离已经得以无限缩短，"近距离"深入而广泛的沟通与交流，无疑也为促进人们之间的感情连接搭建了一座桥梁。在过去，能够做到随时随地都有机会满足人类之间的情绪交流被认为是一项不太可能实现的任务。但是，在当今的移动互联网的时代，这种可能性却得以实现。在传统的电脑客户端，即使它的功能再强大，也都无法做到随时随地与他人进行信息和语言的交流。只要我们不在自己的电脑面前，只要是电脑被关闭，就没有办法与他人进行有效的沟通。而移动手机客户端很有可能彻底改变这样的情形，只要我们手机在手，就很有可能及时地与他人交流我们的感情。以往我们的情感沟通交流仅仅是局限于一对一的互动，而现在人们可以通过微信群、QQ群、发微博等方式来实现一对多的互动和交流，扩大了我们与他人之间的情感沟通和交流。

　　移动互联网这种强大的人际情感交流功能，导致许多青少年对移动互联网产生了强烈的依赖心理，这种极度的依赖使他们完全忽略了网络的虚拟化，以及由此带来的一系列负面影响。当前，移动互联网在媒体的影响力中已然成为当之无愧的第一媒体，各种场合低头一族的范围越来越广。在日常生活中，每天都会很多次地查看手机，没有手机或者没有使用手机会感到心慌且工作学习注意力不集中，很多人在起床后做的第一件事情就是打开手机。我国用户每天接触媒体传播的有效时间比较多，尤其是平板电脑和手机客户端上网的时间。

六、对社会逐渐产生疏离感

　　由于我们过分地依赖网络，因而使得我们在很大程度上没有足够的时间和机会，去接触和认识现实社会当中的各种人际关系，这样的现象将直接影响我们的各种人际关系交往、信息沟通和相互信任等，从而也将直接导致我们的各种社会活动行为和心理状态，向不良的方面发展，甚至还可能会使我们产生孤独感、亲属之间的疏远感、人际关系的疏远感、社会上的孤立感。① 心理学家发现，人们实际检查手机的数量是他们自己认为的数量的两倍。这就说明，触碰手机和打开手机通常是一种无意识的行为。过度、不健康地使用这些智能手机可能会导致一些不良后果：抑郁症、焦虑症和社交功能的缺失、睡眠质量有所下降、心理与情绪健康的降低、情商水平降低、学生们增加了压力（会降低学生对于生活的满意度）、减少

---

① 张晓岚，李亚昆. 移动互联网时代课堂教学改革的思考［J］. 智库时代，2019（26）：175.

学业成绩（降低生活满意度）。研究人员建议："我们应该限制成年人在睡觉前使用手机、平板或笔记本电脑，以保持身心健康。"而这个建议很难被执行，因为就连美国前总统奥巴马和比尔·盖茨等非常成功的人士，在睡觉前都至少上网超过半个小时。美国公认的最成功的人士，在入睡前所做的最后一件事情，通常是浏览和检查电子邮件。

"世界上最远的距离，莫过于我们俩正静静地坐在一起，而你却正在玩智能手机。"这样的一句话在网上已经流传很广，它说明了实际生活中的有些人之间，虽然空间距离非常近，但心理的距离却很远。越来越多的年轻人已经开始认识到自己已经离不开智能手机，并且变得沉迷其中。手机的诞生，本来就是为了让人们之间的沟通变得更加便捷，结果却导致人们变得更加孤单、疏远，手机所带给人们的疏离感主要体现在以下几个方面：

（一）社会生活交往圈子变窄

在现实生活中的各种家庭聚会、同学聚会、工作会议中，你会发现，大家虽然坐的距离很近，但都在低头看手机，传统的社交互动如聊天变得好像不那么重要了。专注于手机的人们就像活在气泡里一样，手机和其他移动电子设备像一个个气泡把我们包裹起来，隔离了看似坐得很近的彼此，使得所有人的注意力都集中在小小的屏幕上。

（二）个体的孤独感增加

移动智能手机给现代人们创造了一个舒适、惬意的精神生活空间，让我们几乎可以在任何一个时间、地点都能够与外部现实世界相互连接，但是我们内心的那种孤独感却不断地在增加。有时候我们会突然觉得，自己好像可以认识很多人，但静下来的时候，在上千人的手机通讯录里，你会发现，如此多的朋友中却找不到一个能推诚置腹谈心的人。

（三）影响生活中的人际关系

当你在和一个朋友聊天或者谈心的时候，对方总是在不停地摆弄自己的手机，刷微信、微博或者看头条，你是不是觉得对方缺乏了诚意，跟你的交流好像是在完成任务一样。一段时间之后，你们的聊天谈心就会变得很尴尬，然后冷场，最后因为聊不下去了而散场。试想，以后你还会找这样的人聊天吗？所以，长期沉迷于手机的人，他们的人际关系是受到严重影响的。

七、不同年龄群体的特征具有差异性①

（一）少年儿童群体的特征

少年儿童群体是我国移动互联网的一个潜力极大的用户群体，他们都是刚刚开始接触到的移动互联网。随着我国现代通信技术的不断进步，这个现象将会越来越普遍。中小学生对于新鲜的事物往往会表现出强烈的好奇，而其自我调节能力却较低，容易被周围环境所影响。在这里，群体之间的相互影响，则表现为极易被同辈人影响。移动互联网丰富的知识和技术资源，使得他们只需要随手点几下，便能够轻松地获取自己想要的资讯和信息。他们都是非常热衷于在线娱乐，网络游戏、视频、音乐，下载和定制的铃声、图书、手机游戏已经成为他们日常生活的重要组成部分。与父母之间、同学之间的即时通信交流也占了一部分，如微信、QQ 等。

（二）青年群体的特征

青年群体，尤其是高校大学生是个特殊的群体。经过少年阶段的成长，青年人这个特殊群体，开始不满足于手机移动互联网仅仅用于文化娱乐的需要，而对手机移动支付、手机网上银行、网络在线购物、旅游百度地图、即时通信、手机电子邮箱、信息网络浏览、博客、抖音、移动视频搜索、移动地图定位、手机智能电视等，逐渐表现出了更加浓厚的兴趣和

---

① 唐家琳. 移动互联网用户行为比较分析 [J]. 西安邮电大学学报，2013，(8) 5：90-94.

偏爱。由于青年群体使用移动互联网的行为和心理，与周围的社会消费环境有着紧密的结合，他们的使用行为往往与大多数人相一致，多数使用者的"从众心理"比较强。身处一个信息化高度发达的新时代，各种高端计算机、手机、娱乐型小微软件和数字媒体都已经成为青年群体所共同追求的目标，以满足其上网、获得信息、娱乐的需求。

（三）中年群体的特征

中年人大都成家立业，多数以家庭生活、工作事业为中心，自控力比较强。他们主要靠互联网工作、获取新闻等，很少时间用于娱乐。多数人都非常看好这些移动互联网上的电子金融商务、移动在线支付、手机网络银行、掌上金融股票、移动在线办公等这些移动互联网业务。

第二章

青少年移动上网心理与行为概述

随着我国移动通信网络技术从3G到5G的不断进步与发展，手机媒体化、智能化的趋势逐渐加快，手机网民已经成为现阶段全球网民增长的一个重要因素。手机在线上网大大降低了互联网使用的难度，这样就让没有网络接入的条件，或者说是没有计算机电脑的个人也能够享受到互联网的服务。而手机无线上网的最大特点在于它具有即时性、便捷性、娱乐性、参与的广泛性和内容传播的丰富性。青少年学生群体由于易于接纳新事物的特点，所以也是许多新媒体产品的潜在消费者，对于移动上网亦是如此。手机移动上网的这些特点，极大地满足了青少年对网络服务的需求，使得青少年群体成为移动互联网的重要使用者。移动上网正在成为我国青少年互联网络应用的重要发展趋势。同时，2019年初，5G的成功推出和正式开通，也直接使中国移动网络设备无线上网数据速率有了很大的提升和改善。移动上网已经成为一种时代潮流，庞大的手机用户拉动了新一轮网民增长。当前大量的网络诈骗电子资料、色情网站频繁出现在智能手机网络，并且在广大青少年中传播，严重威胁着广大青少年的身心健康和心理成长。不少教师反映，一些往日学习成绩不错的学生，由于接触不良网络信息，结识或遇到一些社会中的游手好闲人员，开始追求贪图享受、寻找精神刺激，导致了违法行为的频繁发生。移动互联网势必会越来越普

遍，而且简单地予以否定、排斥，不但起不到预期的效果，还很有可能会
引发逆反效应。因此，探讨青少年移动上网心理与行为特点及常见问题是
当前教育研究急需解决的问题，具有很大的实践意义。

第一节　青少年移动上网心理与行为特征

伴随着移动终端销售价格的大幅下降以及 WIFI 的广泛应用，移动互
联网网民正在呈现出一个爆发式的增长。当代中国的青少年不但接触和了
解移动互联网，他们使用移动互联网具有年龄早、比例大、频率高的特
点，并且接入的移动终端更加灵活多变，受到时空环境条件的影响也更
小。他们对网络各种功能的运行都是非常广泛的，娱乐、学习、社交、阅
读、自我展示等都是应有尽有。移动互联网在他们的日常生活和学习中扮
演着十分重要的角色，他们已经成为伴随移动互联网成长的新一代。

一、青少年移动上网设备情况

（一）中学生移动上网设备使用状况[①]

我国未成年人对互联网的使用已经相当普遍了，《2020 年全国未成年
人互联网使用情况研究报告》显示，2020 年我国未成年网民规模为 1.83
亿，未成年人使用互联网的普及率达到 94.9%，比 2019 年提升 1.8 个百分
点，高于全国互联网普及率（70.4%）。城乡未成年人互联网普及率基本
拉平，但在具体网络应用上存在差异。城乡未成年人互联网普及率差异连
续两年下降，由 2018 年的 5.4 个百分点下降至 2019 年的 3.6 个百分点，

[①] 中国互联网络信息中心. 2020 年全国未成年人互联网使用情况研究报告 [R/OL].
中国互联网络信息中心网站，2021－07－20. http：//www.cnnic.cn/hlwfzyj/hlwxzbg/
qsnbg/202107/t20210720_ 71505. htm

2020 年进一步下降至 0.3 个百分点。网络应用方面，城镇未成年网民使用搜索引擎、社交网站、新闻、购物等社会属性较强的应用比例均高于农村 6 个百分点以上，而农村未成年网民使用短视频、动画或漫画等休闲娱乐的比例则高于城镇。智能手机是未成年人使用的最多的上网终端设备。约四分之一的未成年网民使用智能手表（含电话手表）上网，随着智能设备、可穿戴设备等相关产业日趋成熟，以及 5G 网络逐渐铺开，智能手表等新型智能设备在未成年人中普及迅速，拓展了未成年人的上网环境。

数据显示，未成年网民使用台式电脑上网的比例为 36.9%，较 2019 年（45.0%）下降 8.1 个百分点；使用手机、笔记本电脑上网的比例，分别为 92.2%、30.3% 与 2019 年基本持平；使用平板电脑上网的比例为 39.6%，较 2019 年（28.9%）提升 10.7 个百分点。此外，本次调查首次纳入了未成年人使用智能手表（含电话手表）上网的比例，达到 25.8%。在未成年网民中，近三分之二的未成年网民拥有自己的手机作为上网设备。数据显示，未成年网民中拥有属于自己的上网设备比例达到 82.9%。手机是未成年网民拥有比例最高的上网设备，达到 65.0%；其次为平板电脑，为 26.0%；智能手表（含电话手表）的比例达到 25.3%。从不同学历阶段的未成年人互联网普及率来看，小学生互联网普及率进一步提升。2020 年达到 92.1%，较 2019 年（89.4%）提升 2.7 个百分点。初中、高中、中等职业教育学生的互联网普及率分别为 98.1%、98.3% 和 98.7%，与 2019 年差别不大。

将城乡未成年网民上网设备使用情况进行对比可以发现，城镇未成年网民使用的上网设备更加多样，农村未成年网民则主要通过手机上网。数据显示，城镇未成年网民使用手机上网的比例为 92.0%，农村达到 92.7%，高于城镇未成年网民。与此同时，农村未成年网民使用台式电脑、笔记本电脑和平板电脑的比例与城镇未成年人相比存在明显差距，分别低了 9.0、14.5 和 11.0 个百分点。

另据一项关于青少年移动上网情况的研究表明，青少年接入和使用移动互联网服务的手段和方式灵活多样，他们通过多种智能设备接入和使用移动互联网服务，其中使用手机上网的比例最高。在青少年群体中，单一使用手机、笔记本电脑和平板电脑上网的比例分别是 32.1%、13.3% 和 5.3%，三者合计为 50.7%；综合使用其中两种以上设备上网的比例合计为 49.3%。这意味着，当代青少年接入和使用移动互联网的便捷性和灵活性都是比较高的。智能手机在青少年接入和使用移动互联网中的比例非常最高，成为当代青少年接入和使用移动互联网的主要终端设备。把当代青少年称为"指尖上的一代"也是非常符合他们的实际生活情况的。①

由上述研究数据来看，中学生（含初中、高中、中职生）移动上网的终端设备主要是以智能手机、平板电脑为主的移动终端设备，而且这些移动设备的拥有率比较高。

（二）大学生上网设备情况

互联网技术与移动通信技术的结合，让人们对移动终端设备的依赖上升到了一个新的阶段。智能手机、平板电脑成为人们随时随地接入互联网的重要工具。如今在校的"00后"大学生，被称之为移动互联网的"原居民"，他们是利用移动终端设备上网的主要群体。随着移动通信技术设施的不断完善，城市无线上网网点的覆盖面越来越广，移动终端设备上网越来越方便，宿舍、教室、校园、公园内，随处可以看到拿着智能手机、平板电脑网上冲浪的年轻大学生。大学生使用智能手机、平板电脑上网的比例为 98.9%，利用轻巧、便利的移动智能设备上网，成为大学生的主要移动上网方式。②

---

① 陈卫东. 中国青少年移动互联网应用的特点及影响分析［J］. 中国青年研究，2015（7）：5-10.

② 安娜. 大学生使用移动终端上网的行为分析［J］. 科技信息，2013（5）：179-180.

二、青少年移动上网在时间和场所上的特点①

（一）不同的青少年在使用移动互联网的时间长度上存在较大的个体差异

智能手机的出现，大大地改变了我们的生活，同时也占用了我们大量的时间。

统计数据显示，每周都上网的青少年占总体人数的 86.4%，每天都上网的青少年占总体人数的 34.8%，大约有 35% 的青少年每天都会使用一次或多次移动互联网。这意味着，在较短的时间内，多次使用移动互联网是青少年日常生活的常态。从比较极端的情况看，每天多次上网的青少年占 16.7%，每一个月或者更长时间上一次网的青少年为 6.1%，这两种情况的比例都不高。青少年使用移动互联网的总体时间并不是很长，但也有个别青少年每次使用移动互联网的时间较长，在使用移动互联网方面，存在较大的个体差异。青少年每周（包括周末）使用移动互联网的时间基本上在 7 小时左右，其中每周使用移动互联网的时间不足 2 小时的占总体的 33%，每周使用移动互联网的时间在 2~4 小时的占总体的 34%，每周使用移动互联网的时间在 4~6 小时的占总体的 13%，每周使用移动互联网的时间在 6~8 小时的占总体的 6%，每周使用移动互联网的时间在 8 小时以上的占总体的 14%。②

由此可见，青少年群体每周使用移动互联网的平均时间大约为 3.89 小时，每周使用移动互联网的中位数时间大约为 3.1 小时，而每天平均移动上网时间在 0.44~0.56 小时。虽然中国青少年平均使用移动互联网的时间

---

① 陈卫东. 中国青少年移动互联网应用的特点及影响分析 [J]. 中国青年研究，2015（7）：5-10.

② 陈卫东. 中国青少年移动互联网应用的特点及影响分析 [J]. 中国青年研究，2015（7）：5-10.

总体上并不高，但个体差异还是很明显。有 10% 的青少年每周移动上网时间超过了 10 小时，是总体平均上网时间的 2 倍以上。近些年以来，一部分青少年长时间沉迷网络的现象比较突出，有的甚至被称为"网瘾少年"。这一统计数据比较直观地反映出了的确存在部分青少年，每天长时间使用互联网的现象，他们中的一些人不排除有网络沉迷的问题。①

（二）青少年群体倾向于在闲暇时间使用移动互联网

我国青少年的闲暇时间主要集中在周末、法定节假日、寒暑假和放学后，青少年使用移动互联网的时间也集中在这四个时间段内。统计数据显示，青少年使用移动互联网的时间主要集中在周末的个体占 84.0%，集中在假期的个体占 75.6%，集中在放学后的个体占 47.8%，在其他时段使用移动互联网的相对较少，仅有少部分青少年学生在课间或课堂上使用移动互联网。随着教育部新出台的中小学生手机管理规定，禁止手机带进课堂，课堂或校园内使用手机移动上网现象有望得到禁止。②

（三）青少年使用移动互联网的场所情况

统计数据显示，在家里使用移动互联网的占 89.7%，居于所有上网场所的首位，其次是学校，为 30.7%。青少年使用移动互联网的场所跟他们平常生活、学习与活动的场所以及有条件接触互联网的场所具有高度一致性。家庭和学校是青少年平常生活、学习和活动的最主要场所，也是他们能够使用移动互联网最方便的场所。除了家里和学校外，还有一定比例的青少年在外出的路上、亲戚朋友家、公共消费娱乐场所等地方使用移动互联网。对于相当一部分青少年来说，只要存在使用移动互联网的条件，他们可能在任何场合使用，移动互联网对他们几乎是全覆盖的。随着我国移

---

① 陈卫东. 中国青少年移动互联网应用的特点及影响分析 [J]. 中国青年研究，2015（7）：5-10.
② 陈卫东. 中国青少年移动互联网应用的特点及影响分析 [J]. 中国青年研究，2015（7）：5-10.

动互联网基础设施建设的推进，具有这样条件的青少年会越来越多。①

三、青少年移动上网的服务需求

（一）青少年的网上行为是多种多样的，主要以娱乐休闲、信息获取、网上交易和社交为主

青少年对移动互联网的兴趣主要是聚焦在娱乐休闲、信息查看及在线互动等各个领域。手机 QQ、微信、抖音、微博、移动门户网站等移动媒体，在青少年手机网民中有着很高的使用率。集信息浏览、音乐视频、图文直播、资源下载、论坛空间、即时通信等多种服务于一身，且可以自由安装和使用的移动手机网络服务客户端软件，在青少年移动互联网应用上拥有较多的使用者。② 研究数据表明，在目前我国青少年主要的 17 种移动互联网行为中，排名前 5 位的分别为，听网络歌曲（71.2%）、聊天（68.1%）、看网络视频（60.7%）、玩游戏（59.3%）和查阅其他相关信息资料（50.6%）。青少年网上行为的内容比较广泛，听音乐、聊天的青少年约占整个群体的 7 成左右；在过半数的青少年存在五种网上行为中，有三种是属于娱乐性的休闲活动，有一种是属于社交性的活动，还有一种是属于学习性的活动。此外，在网络上进行商品购物的青少年也已经达到了 25.8%。③

中学生最喜欢综艺等娱乐视频，新闻教育类和一些知识分享性质的节目并不被中学生所广泛关注。近几年来，各大电视综艺节目逐渐占据了大部分的电视荧屏，其节目内容也逐渐成为现代人街谈巷议的热门话题和讨

---

① 陈卫东. 中国青少年移动互联网应用的特点及影响分析 [J]. 中国青年研究，2015
（7）：5-10.
② 曹丹，杨清. 大学生与手机互联网 [J]. 东南传播，2009（1）：149-152.
③ 陈卫东. 中国青少年移动互联网应用的特点及影响分析 [J]. 中国青年研究，2015
（7）：5-10.

论焦点。中学生最喜欢看的各种网络视频以网络娱乐节目为主，其中排第一位的节目便是网络综艺节目。中学生最感兴趣的网络视频节目类型依次排名分别为综艺类节目同比占 32.7%、影视剧类节目同比占 22.9%、动画电影类节目同比占 21.5%、体育运动类节目同比占 9.1%、新闻类节目同比占 7.8%、其他占 6.1%。①

（二）青少年使用移动互联网的学习功能利用不足

当前绝大多数的中学生都在使用智能手机，他们现在使用智能手机最主要的用途之一就是为了娱乐。其次是手机的学习功能和参与社会交往的功能，手机最基本的功能拨打电话退到了最次要的位置。中学生用智能手机做得最多的事情排序依次是听音乐、看视频的人数占 32.3%，看小说、玩游戏的人数占 19.7%，发微信消息、上 QQ 的人数占 18.8%，学习或者去网上搜索学习资料的人数占 15.6%，看新闻的人数占 4.2%，没有使用智能手机的人数占 3.9%，其他情况占 3.6%，仅仅打电话的人数占 2.0%。②

（三）大部分学生都曾经在网上玩过热门的手机游戏，但沉迷者不到两成

大部分学生都玩过现在最热门的手机网络游戏"王者荣耀"，但经常玩游戏的只占不到二成。中学生玩"王者荣耀"这款游戏的人数依次呈现为：对网络游戏一直以来不太感兴趣的人大约为 23.6%；有时候玩玩游戏的大约占总数的 22.7%；感觉打游戏就那么回事的人数约为 22.5%；对游戏很熟悉并且经常玩的人数约为 18.8%；没有玩过游戏，但是有机会倒想

---

① 麦清，曹瑞. 天津市中学生手机互联网使用状况调查与建议［J］. 天津市教科院学报，2019（4）：83-89.

② 麦清，曹瑞. 天津市中学生手机互联网使用状况调查与建议［J］. 天津市教科院学报，2019（4）：83-89.

要尝试一下的大约占 8.3%；其他情况的比例为 4.1%。①

四、青少年移动上网的年龄特点

（一）移动网民的年龄分布特点

移动网民在各个年龄层次之间的分布差距，正在随着移动互联网的广泛普及以及移动互联网设备的多元化而逐步减小。2009 年的研究结果显示，手机网民的年龄特点保持着一个偏态的分布，在 10~29 岁这个年龄阶段的人数分布最为集中，占据了整体手机网民人数的 73.2%。与整体的互联网网民人数相比，手机网民更多地吸引着年轻人群，尤其是青少年群体。② 2014 年问卷调查研究结果表明，我国手机网民以年轻型移动手机用户群体为主，但在这一时期高年龄段群体的数量和分布率有所增加，年龄在 30 岁及以下的移动手机网民占比已高达 60%。其中，以 20~29 岁年龄段手机网民数量所占的份额最大，为 33.4%。我国手机网民对于高龄人群的渗透力度进一步扩大。③

从以上数据可以看出，青少年依然是移动上网的主要群体，中老年群里也越来越多地使用移动设备上网。

（二）青少年移动上网的年龄特点

青少年移动上网的年龄特点首先体现在青少年初次接触和使用移动互联网的年龄较早，使用移动互联网的比例偏高。在青少年中，通过移动上网设备接入和使用互联网的比例达到 77.21%，接近总体人数的八成。从

---

① 麦清，曹瑞. 天津市中学生手机互联网使用状况调查与建议 ［J］. 天津市教科院学报，2019（4）：83-89.

② 柯丽萍. 都市手机短信文化研究 ［D］. 西宁：青海师范大学，2009.

③ 中国互联网络信息中心. 第 25 次中国互联网络发展状况统计报告 ［R/OL］. 中国互联网络信息中心网站，2010-1-15. http：//www.cnnic.net.cn/hlwfzyj/hlwxzbg/hlwtjbg/201206/t20120612_ 26716.htm

他们初次使用移动互联网的年龄来看，在 10 岁之前使用移动互联网的比例超过了 50%，首次使用移动互联网的平均年龄为 9.43 岁，其中首次使用者的最小年龄为 3 岁，首次使用者的最大年龄为 18 岁，首次使用移动互联网年龄的中位数为 8.85 岁。由此可见，在青少年中，在 10 岁之前就接触和使用过移动互联网的占比较大，偏向低龄一端的人数更多，10 岁前就接触和使用过移动互联网的青少年占到总体人数的 51.6%；到 12 岁，该比例就达到了 84.7%；到 15 岁则达到了 97.5%。如果把初次接触移动互联网作为网龄的起点，那么对大多数当代青少年来说，网龄跟年龄是比较接近的，这也必然提升他们对互联网熟知程度和亲近感。① 另有研究表明，青少年手机上网的平均网龄为 3.89±2.38 年。这两项研究均表明，青少年移动上网具有低龄化趋势，智能手机已经成为青少年上网的主要手段。②

五、青少年使用移动互联网的需求和心理特征③

青少年在移动互联网满足的需求不同，也体现了某些方面的心理特点。研究结果显示，通过智能手机上网获取信息资源的青少年，比较有可能在日常生活和社会事件中选择积极的应对方式；而更多地进行网上交易和休闲娱乐的青少年，比较有可能选择消极的应对方式；在使用移动互联网进行上网时，偏重于对信息的收集与获取的青少年的人际交往能力相对较强，且他们在人际交往中较倾向于主动进行人际交往，并且善于处理与管理青少年人际交往过程中的一些问题与矛盾；偏爱网上交易的青少年在日常的人际交往中，能更好地表达出自己的价值观和情感；偏爱一些休

---

① 陈卫东. 中国青少年移动互联网应用的特点及影响分析 [J]. 中国青年研究，2015 (7)：5-10.

② 王张艳. 青少年手机巨网的心理与行为特点研究 [D]. 南京：南京邮电大学，2014 (2)：1.

③ 王张艳. 青少年手机上网的心理与行为特点研究 [D]. 南京：南京邮电大学，2014 (2)：1.

闲、娱乐性活动的青少年，他们在人际交往中总体上具有比较强的能力，他们在人际交往中比较倾向于主动交往，而且在人际交往中也比较善于给予对方以情感上的支持。

人格比较偏外向的青少年比他人接触移动手机上网要更早，他们更加愿意通过移动手机上网来收集和获取资料；人格上具有神经质特点的青少年，平均每日需要花费更多的时间和精力用于移动上网，他们更愿意通过网络与他人互动交流以及进行网上交易；具有高宜人性人格特点的青少年，接触到智能手机上网的时间比较晚，而且平均每天需要花费在移动上网的时间和精力相对时间较少，也更少地参与网上交易、资讯获取和其他休闲娱乐等。由此可以看出，高宜人性的青少年比较少地接触智能手机上网这一类型的活动。具有高开放性人格特点的青少年上网的网龄较长，但是他们花较少的时间来进行网络交易和网上互动沟通。责任感较强的青少年，更少地通过移动设备上网来实现休闲娱乐。

另外，在实际的工作和生活中，部分青少年由于人际交往不顺利，导致越来越害怕与其他人进行交流，尤其是面对面的沟通交流。这样的青少年在工作和现实生活中，不太愿意积极地与其他人进行交往，时常将自己和周围的世界隔绝了开来。他们很容易沉迷于互联网中这种非接触的、虚拟化的人际沟通。①

大部分中学生在面对父母限制自己使用移动设备时，能够采取理智的态度和行动来对待。中学生在家长没收手机后的反应依次表现为：51.7%的学生诚挚地向家长解释，告知他们自身具有一种独立的自制力，不会因此而延迟耽误了学习；21.6%的学生与家长做出协议，合理安排自己的学习与游戏等玩手机的时间；13.6%的学生持无所谓的态度，因为他们觉得反正手机对自己没有什么太大的作用；7.8%的学生会很生气，甚至和父母发生争执；2.0%的学生用极端行为来反抗父母没收手机，如绝食、拒绝上

---

① 朱立峰. 大学生手机上网成瘾的原因与对策 [J]. 网络传播，2010（1）：107-108.

学、离家出走等。①

六、青少年移动上网的影响

（一）青少年移动上网的积极影响

移动互联网已经发展成为青少年认识世界，日常学习、休闲娱乐的一个重要平台，在丰富他们的课余生活、拓展学习平台等方面具有重要作用。

移动互联网为青少年开展学习辅导，获取各类信息资源提供了一个新的途径。现在青少年学生的关注范围十分广泛，传统的媒体已经无法完全满足他们日益丰富的兴趣点。移动互联网的信息内容容量较大的优势，能够最大限度地满足当代青少年的兴趣和需求，为他们提供了最为丰富的信息和资源，移动设备上网正在逐步成为青少年收集信息的最好途径。同时，利用移动设备上网有助于拓宽年轻人的思考途径和视野，增进与其他年轻人的交往与沟通。移动互联网也充分满足了现代青少年对互联网应用的娱乐化需求，网络应用娱乐化一直是当前我国青少年网民网络生活最重要的主题之一。通过借助于移动终端，青年群体就能够很容易地在网上欣赏到更多的网络视频和音乐，阅读到更多的互联网文学小说，畅玩更多的互联网络游戏。移动互联网逐步成为青少年享受到互联网娱乐的一种最佳首选方式。

大部分的青少年都认为在这个移动互联网时代，移动互联网是自己了解这个世界的一个重要窗口和日常学习的得力助手，也是他们进行娱乐、放松的一种有效途径和便捷生活的一种重要工具。区分不同的学历阶段学生使用互联网的情况后可以发现，高中生网民由于掌握了较好的互联网使

---

① 麦清，曹瑞. 天津市中学生手机互联网使用状况调查与建议 [J]. 天津市教科院学报，2019（4）：83-89.

用知识技能，而且实践经验都比较丰富，他们把移动互联网作为一个认识世界的窗口、享受娱乐和精神放松的一种途径、便捷生活的工具和自我表达的空间方式，高中生的这种认识比例远远高于其他学历阶段的学生；中职院校有55.4%学生网民把移动互联网当作主要的社会媒体渠道，这种比例明显高于其他学历阶段学生；初中学段的网民群体对于运用互联网进行学习的普遍认可度在各个学历阶段中为最高，达到70.5%。①

（二）青少年移动上网的消极影响

1. 危害青少年的心理健康

网络中丰富多彩的各种网络游戏及大批信息，虚拟化的人际情感互动，真假难分的招贴强烈地刺激了现代人的好奇心和对探究的欲望。青少年有着浓厚的好奇心和强烈的独立进行自主探究的愿景，又缺乏必要的自我监视能力，一旦他们开始越来越痴迷于互联网，往往就会身不由己，欲罢不能。在生活中长期沉迷于移动互联网络的青少年，因为他们普遍缺乏良好的沟通和人际交往，常常在生活中表现出的特点就是情感冷漠，对于自己亲人的照料缺乏必要的感恩意识和情感体验。他们对互联网以外的所有东西都失去了热爱和兴趣，经常是脸上表情呆板，对周围的任何人和事都漠不关心。他们往往会把虚拟的互联网络世界视为现实生活，其思维和情绪都会同现实生活相互脱节，在心理上则会呈现出自我封闭、自以为是等抑郁性的神经症。这些青少年虽然可以通过虚拟世界里的战斗、搏击来获得精神上的满足，但他们却不能从中培养和提高自身处理社会现实事件的能力。所以沉迷于网络的这些个体一旦重新回到了实际生活中，往往就会觉得无所适从，以至于他们在面临着现实困难时总会选择放弃或者逃避。

---

① 麦清，曹瑞. 天津市中学生手机互联网使用状况调查与建议［J］. 天津市教科院学报，2019（4）：83-89.

2. 容易造成青少年身体素质下滑

移动终端上网的智能手机或者平板电脑的屏幕比较小，青年人如果长时间、近距离地使用这些手机，容易引起眼睛疲劳，造成假性的近视。如果在网络上的时间太久，容易导致大脑疲劳，出现头昏、眼花等现象。长时间在使用移动终端进行上网时，坐姿不良容易导致脖子和身体肌肉纤维受到拉伤，甚至可以造成脊柱疾病，影响身体发育。还有可能出现严重的睡眠周期紊乱，停止使用电脑后出现的失眠性头疼、注意力不集中、消化不良、恶心厌食、体重减轻等身体不良表现。另外，长时间的上网严重地挤占了学校的课余运动体育锻炼和青少年参与各种社会实践活动所需要的时间，不利于养成健康的体魄。

3. 会出现青少年道德不良现象

随着现代电子计算机网络技术的发展与进步，对计算机终端设备的监视与检测技术也在日趋完善。我国已经建设起了国家级别的防火墙，能够进行全程自动化地对互联网内容和信息进行审查、过滤和安全地监控，甚至可以使用 IP 的定位和封锁。但是对于移动终端上网而言，实名制尚未得到广泛的应用和普及，移动终端上网的安全性和可靠度也难以得到保障和实现。互联网上传播的信息良莠不齐，加之对互联网的安全性缺乏有效的防范和监管，网上可能会出现色情、暴力等污染信息并被大量传播，而且移动设备所能够传播的信息更为便捷、迅速、隐蔽，容易被人们复制和传递，家庭、学校也很难察觉，因而无法进行及时的控制和诱导。

在各类新闻信息、观点自由表达的国际网络上，个人主义、利己主义和实用主义等西方价值观，拜金主义、享乐主义、崇尚奢侈等腐败的社会生活方式的信息大潮汹涌而来。这一切都使得青少年头脑中所积累和沉淀下来的，属于中国优秀文化传统思想以及我国现代社会主流意识形态之间产生了冲突，使得部分青少年的思想价值观向西方社会产生了倾斜，甚至可能是开始盲从西方。网络上这些不良的文化不时地充斥着青少年的头脑，青少年的思想道德价值观念还没有成熟，还没有能够构成一个较完整的体系。大量接受这类信息，势必对青少年的人生观、价值观、世界观的形成构成威胁，影响他们形成良好的思想道德品质。在青少年的一些愿望没有得到满足时，往往因冲动致使其思想陷入一种极端，诱发一系列的暴力犯罪。近年来，我国青少年涉嫌违法犯罪的涉案数量和犯罪规模，已经开始呈现逐年增加的发展趋势，这与青少年长期接触互联网上的不良思想具有较大的关联性。

4. 会导致青少年意志薄弱

青少年正处于良好意志品格形成与发展的重要时期，也是他们志存高远，放飞自己人生理想的一个重要黄金时期。许多长期沉迷于移动上网的青少年，生活中更加明显地缺少了行为的目的性，而且情绪低落，精神萎靡。因为移动终端设备具备了用户查看信息的便利性，导致许多年轻人只会一味地追求快捷和速度，而完全忽视了自己的独立思考。互联网中海量的信息，容易造成年轻人在生活中面对众多繁杂的信息时无所适从，容易使他们患上互联网信息污染综合征，影响他们对现实世界和事物的正确认识和判断。

5. 对青少年的学习造成不利影响

当代青少年处于身心发展的关键阶段，培养他们良好的学习、生活习惯尤为重要。互联网让许多的青少年倾向于沉浸在互联网络这个虚拟世界里，脱离了社会现实，挤占了正常的生活、工作和学习时间，使一些青少年荒废学业。由于青少年判断是非的能力尚未成熟，抵抗外界诱惑的意志力还不坚定，网上游戏和聊天常常会使得他们情不自禁，沉迷其中，不能自拔，严重影响他们的学业。有的学生因为上网时间过长，不能得到良好的休息，上课后无精打采，注意力不完全集中，学习效率低下。诸如此类的现象正逐渐加剧，浪费了青少年大好的青春时光，导致他们的学习成绩呈现出直线下降的趋势。

第二节 青少年移动上网常见心理与行为问题

移动设备上网无疑是一把双刃剑，在给青少年带来方便、时尚的同时，也给青少年带来了一些问题。由于青少年的自我约束和控制能力、认知水平的欠缺，面对各种复杂的移动互联网信息，很难做出准确辨认。在使用过程中很容易就导致青少年学生产生沉迷、上瘾等现象，如同计算机一样，使用不当也可能直接影响到学生的身心健康。尤其重要的是，现在移动互联网中的不良信息很多，青年学生稍不小心就可能会沉迷其中而无法自拔。由于青少年经常出现因为使用移动互联网而产生一些意外事情，导致人身、财产方面的损失。因此，应该进一步加强这方面课题的研究和探讨，了解广大青少年接触、使用移动互联网的各种心理、行为等方面的实际情况，引导广大青少年及时紧紧跟上移动互联网新媒体传播技术发展的脚步，理性、科学地去了解、应用和享受移动互联网带来的丰硕成果。

一、移动网络游戏成瘾

随着智能手机、平板电脑等新一代智能设备的广泛应用和发展，以及互联网时代的飞速发展，再加上各种网络游戏的层出不穷，青少年极容易受到网络游戏的诱惑。父母们经常抱怨："孩子除了去上课，其余时间都是在玩手机、平板，不是打游戏，就是看动画片，让孩子出去玩也不去，让玩其他玩具也不玩，就连吃饭都要用支架把手机放那，播放动画片。"有的孩子才一、二年级，就已经戴近视眼镜了。有的青少年坐汽车、火车因为玩手机游戏过于投入，而错过了下车的车站。大学生因为能自由使用自己的手机或其他移动终端设备，经常晚上玩游戏到很晚，以至于上午上课时睡眼惺忪、无精打采。2020年新冠疫情暴发，学校放假进行线上教学，所有人足不出户，学生在家关了小半年，等复学以后，青少年学生的近视眼发病率直线上升，原因就是一直在家用手机、平板玩各种游戏，当然也有线上学习的影响。

网络游戏一直是孩子染上网瘾的重要原因，现在随着智能手机的功能越来越强大，手机游戏成为孩子网瘾的头号原因。一般来说，孩子在晚上睡觉的那个时候都很喜欢玩智能手机，比如在白天特别困，但是在晚上一旦拿起了手机就很兴奋。作为一种不良的特殊爱好，手机还可能会直接刺激到青少年的大脑生理功能发育，直接影响青少年的睡眠质量。所以现在有的青少年睡意逐渐减弱，甚至出现完全睡不着的情况，这严重缩短了青少年的睡觉时间。睡觉时期是我们进行身体健康修复的重要阶段，如果出现了睡眠不足或者说是长期熬夜，睡眠的质量会逐渐变差，那么就会直接导致青少年的抵抗力下降，同时还会导致青少年白天无法集中精神，这样的学生在学习过程中对知识的吸收度是非常低的。

"网络游戏成瘾障碍"已经被世界卫生组织纳入最新版的国际疾病分类中。将"网络游戏成瘾"确定为一种心理健康的疾病，不仅是医学体系上的一项重大改进，对许多年轻人来说也可以看作是一种心理警醒。其主要特点表现为：对游戏失去了控制；游戏优先于其他活动；强行暂时性停顿可能会导致出现心理失控、行为错乱、精神萎靡等；往往需要持续 12 个月以上。电子产品就像是把一柄双刃剑，合理使用，对孩子有着积极影响，帮助我们的孩子更好地适应现代化的生活；反之，它也可以废弃一个孩子。

二、青少年电信诈骗屡受伤害

360 公司发布的《2021 年度中国手机安全状况报告》指出，2021 年全年，360 安全大脑共截获移动端新增恶意程序样本约 943.1 万个，同比 2020 年（454.6 万个）增长了 107.5%，平均每天截获新增手机恶意程序样本约 2.6 万个。2021 年全年，360 手机卫士累计拦截恶意程序攻击约 82.4 亿次，拦截钓鱼网站攻击约 933.4 亿次，2021 年钓鱼网站攻击次数同比下降了 7.3%。数据显示，截至 2021 年年 11 月，全国共破获电信网络诈骗犯罪案件 37 万余起，抓获违法犯罪嫌疑人 54.9 万余名。2021 年诈骗渠道类型分布为：社交 44.6%、短信 18.8%、电话 15.2%、电商 9.2%、短视频 6.7%、游戏喊话 2.2%、工具 2.2%、办公 0.7%、阅读 0.2%、支付 0.2%。①

2021 年手机诈骗按举报数量统计，由高到低依次为：交友 25.8%、虚假兼职 24.5%、金融理财 15.6%、身份冒充 9.4%、赌博博彩 6.3%、虚假购物 6.3%、网游交易 6.3%、虚拟商品 3.4%、退款盗号 1.2%、其他 1.2%。2021 年手机诈骗按涉案金额统计，由多到少依次为：虚假兼职 32.1%、交友 30.8%、金融理财 19.1%、身份冒充 9.2%、赌博博彩 6.0%、退款盗号 1.1%、虚假购物 0.8%、网游交易 0.6%、虚拟商品 0.2%、其他 0.1%。有数据可见，交友、虚假兼职、金融理财是网络诈骗的最常见的方式。

疫情驱动下，生活场景搬到了手机里，数据成为重要的生产要素。数字经济发展的同时也带来了安全隐患。更多个人信息暴露在移动互联网中，黑灰产盗取手机用户隐私、实施诈骗的门槛降低了。手机用户仅依靠社会经验和常识已无法甄别骗局，数字技术在诈骗预警和黑灰产反制中发挥越来越重要的作用。2021 年电信网络诈骗呈现出四大技术趋势：诈骗 APP 伪装界面，如博彩代理应用伪装成普通计算器；裸聊敲诈出现资产保护、程序免杀、手机远程控制等功能变种；利用"假钱包"等方式盗取用户虚拟货币；使用第三方聊天软件开发工具搭建内嵌诈骗平台的通联应用，打造诈骗生态闭环。

---

① 360 互联网安全中心. 2021 年度中国手机安全状况报告［R/OL］. 360 互联网安全中心网站，2022-01-25. https://www.360.cn/n/12069.html

从被骗网民的年龄段上看，90后的手机诈骗受害者占所有受害者总数的33.7%；其次是00后占比为33.3%；80后占比为21.4%；70后占比为8.0%；60后占比为3.6%。根据行业数据统计，从电信诈骗受害人的年龄特征上看，年龄最小为16岁，年龄最大为75岁，其中21~40岁年龄段的电信诈骗受害人数量占比达81%，超过其他年龄段的人数，电信诈骗受害目标人群明显呈现年轻化趋势，他们往往刚刚踏入社会或因工作生活有资金借贷需求，应谨防落入诈骗陷阱。①

另有数据显示，交友、购物、兼职、助学金、考试、社会实践……青年群体学习生活的方方面面都可能存在诈骗陷阱，16~24岁青年群体，已成为电信诈骗高风险受害人群。其中，刷单类诈骗案受害人群体占35%左右；贷款类诈骗案占26%左右；冒充购物客服类诈骗案占25%左右。② 那么，常见的诈骗手法有哪些？报告发现，目前电信诈骗团伙会通过使用电话、微信、QQ、短信、抖音、邮件等多种方式接触被诈骗对象，从各种通信工具的使用频次看，电话、微信、QQ是诈骗人员最常使用的三种诈骗工具，并且诈骗团伙在作案过程中会混合使用多种通信工具。做银行流水、银行卡输错、冻结账户、保证金、充值会员则是电信诈骗套路中最常用的五种话术。

三、学习遇到难题时轻易求助各类辅导软件

随着互联网和信息技术的不断进步和发展，近年来，作为一种风靡中小学校园的搜题软件已经受到了学生、家长们的喜爱，如猿题库、作业帮、学习帮、阿凡题等。现在越来越多的家长在帮助他们孩子的学习中都

①　度小满金融. 电信诈骗受害人呈年轻化趋势［EB/OL］. 金融界网站，2020-09-29. https://baijiahao.baidu.com/s? id=1679138547846693896&wfr=spider&for=pc
②　嘉兴市公安局网络安全保卫支队. 青年成电信诈骗高风险受害人群［EB/OL］. 嘉兴网警巡查执法网站，2020-10-26. https://baijiahao.baidu.com/s? id=1681598026305626598&wfr=spider&for=pc

会觉得力不从心，这些搜题软件成了家长朋友们陪孩子做作业时必备的软件。每次做作业时，难免会遇到一些比较难懂的题目，不想等到老师讲解或者必须及时完成，作业辅导软件就成了家长和学生的救命稻草。搜题软件对初高中及小学的知识全面覆盖、题型丰富，又可以随时给出正确答案，还有详细的解题指导过程可以查看，能帮助孩子高效完成作业。

尽管这类学习型软件具备了上述各个方面的优点，但不合理的使用也将对人们产生一定的依赖、创新型思维的培养不足、减少了主动探究和深入探索、耗尽了精力与时间等消极影响。由于搜题软件具有方便快捷的优势，部分不自觉的同学往往会运用其来寻求解决问题，而不是注重解决问题的过程，导致了思维和实践锻炼意识的欠缺。不仅对知识的记忆薄弱，知识结构体系存在漏洞，还会导致学生养成一种不好的学习习惯。而随着教育的进步与发展、知识掌握难度的增加，只是浅尝辄止地去进行学习基本上无法取得什么实际效果的。学习需要我们强化一种主动思维的能力，因为这种思维的锻炼在学习的过程中具有一种不可忽视的意义。

四、网络不健康信息防不胜防

移动网络终端电子设备在给学生的日常学习生活带来便捷的同时，也对学生的价值观、思维模式、学习习惯有着不小的潜在威胁。调查研究结果表明，未成年人通过社交网络渠道接触各种包含色情、暴力、赌博等社交网站，多数都可能并非因为他们出于某种心理上的不良意愿，而是因为在他们进行一些网络相关资讯搜索、网页内容浏览等活动过程中受到了诱导。在未成年学生中，承认主动接触过色情、暴力、赌博类网站的占5.12%，无意间接触上述网站的达到26.34%。在社会闲散未成年人中，9%主动接触过此类网站，无意间接触的达到25.08%。"防不胜防"的网络不良信息，是家长和教师眼中未成年人上网中存在的最大问题。"不良信息太多"分别被38.84%的家长和43.84%的教师视为互联网的最大问题，远高于"网络游戏不健康"5.46%和3.86%的认同率。①

手机和网络在丰富了孩子们的生活和见识之外，也在无情地吞噬着青少年的身心健康。青少年因为痴迷于自己的手机和网络上网，而由此导致了各种逃学、抢劫，甚至就是由此走上了犯罪道路的现象屡屡发生。网络中那些危害青少年成长的内容很多，主要有以下方面：

1. 黄色内容。网络中那些传播的淫秽信息就是黄色内容。常言道："万恶淫为首"，很多不良的行为和习惯，都是从各种不堪的黄色内容中引发出来的。虽然现在对此方面内容严打，但仍不排除一些漏网之鱼，而且想要杜绝这类信息也是十分困难的。孩子接触这些"黄色内容"，不仅不利于自身健康，还不利于建立一个良好的性爱道德观念。

2. 血色内容。网络上那些"暴力和血腥"的画面称为血色内容，这些负面的内容，对年幼的孩子影响很大。尤其是13岁之前的孩子，他们的心智尚未成熟，在不断地认识、接触这个世界的过程中，自控能力很差，还没有清晰地自我认知。一旦接触这些暴力的内容，孩子很容易模仿里面的情节，容易做出一些犯罪的行为来。

3. 灰色内容。互联网中的灰色内容，指的是一些社交直播等软件。如今网络上社交直播形形色色，除去少部分的正能量之外，大多都是一些粗俗的内容。在孩子们还没有建立起基本的价值观的时候，长期接触这样的内容，会给孩子传递错误的观念和思想，对以后的人生道路影响很大。

4. 粉色内容。互联网上，把那些娱乐性的游戏称为粉色内容。如今孩子们沉迷于网络，很大程度上都是因为沉迷游戏。偶尔娱乐玩一下是可以的，但要注意用对的方法和心态，这样才能体会到娱乐的好处，而不是深陷其中，无法自拔。如今，大部分孩子都早早地接触到了网络，不仅容易

---

① 中国共产主义青年团天津市委员会，等. 网上不良信息"猛"于网络游戏［EB/OL］. 中青在线，2010－11－07. http://zqb.cyol.com/content/2010－11/07/content_3439421. htm

接触到不良信息，还容易深陷其中，养成了网络成瘾的毛病。

移动智能设备的到来，让学校德育工作面临了新挑战。在移动智能设备能够运用到校园这一无法阻挡的潮流下，学校更应该认真地进行分析，积极地去面对，理智地去应对，正确地去处理，充分挖掘移动智能产品最广泛的育人功能和作用，努力去彻底消解移动互联网络信息技术所带来的各种负面影响，促使广大的学生树立正确的世界观、人生观、价值观。①

五、沉迷于各类社交软件而难以自拔

移动智能互联网和信息技术的迅猛发展，使得移动智能手机逐步成为人们日常生活的一个重要组成部分。手机网络给了现代人们与各个家庭、朋友之间可以进行远程网络连接和视频通讯的很多机会，给现代人们的各种文化娱乐、网上网络购物等生活方式提供了很多便利。但是对于非常令人愉悦的一件事情，如果使用不当也很容易让人痛苦。机不离手，人机一体，随时随地的检查智能手机，已经逐渐开始演变为现代青年人的一种重要生活习惯。"世界上最遥远的距离，不是生与死，而是我坐在你的面前，您却在低头玩着我的手机。"这句话生动地、真实地反映了"低头族"的日常人际交往。低头玩智能手机，已经逐渐发展成为当代青年人日常生活互动和人际沟通的"范式"。除了很多的手机网络游戏，还有不少年轻人是网络社交应用软件（包括诸如微信、QQ、微博、嘎嘎、抖音、soul、米聊、陌陌等）的成瘾者，比如10分钟不刷新社交应用软件就会因此变得不安，无论在做什么都一定要在自己的社交应用软件上随时发个新的视频或发张图片"秀"一下，发布之后自己还要时刻关注网友的互动点赞。

在复杂的现实交往中，人们的目光和注意力时不时地都会被移动设备和手机所吸引，谈话的内容经常会被各种社交网络软件的滴滴声打断，现

---

① 田丽. 手机文化对初中生的影响及教育对策［D］. 济南：山东师范大学，2008（10）：1.

实相处和互动的质量也变得越来越差。由于当代青年人日益倾向于虚拟的社交，而更加不愿意在现实中和其他人交往。他们当中的许多人已经变成了手机屏幕上社交的"巨人"，现实生活交往的"矮子"。青年人为什么沉迷于手机屏幕社交呢？一方面，人类是一种群居性的社会性群体动物，社会交往需求是人类五个基本的需求之一。移动终端设备上的不同类型社交网络软件，充分地迎合了青少年的各种社会交流互动需求。另一方面，心理学理论中的一种强化反馈原则认为，反馈愈及时，快感也愈明显。一个非常搞笑的好朋友的短信或一个非常搞笑的视频，瞬间就能让我们轻松地获得愉悦；一个最新的"八卦"消息，立刻就会让我们产生"长见识"的好奇和兴奋；刚一开始在网站上发布的一条朋友圈就被很多人纷纷点评和称赞，马上会让很多年轻人突然感觉到自己拥有一种"朋友遍天下"的成就感。这些让人愉悦的短视频、社交资讯，会在网络上源源不断的呈现出你所喜欢的内容。为了眼前的开心，我们会一次次无休止地刷新自己的社交软件，直至精疲力竭，感到无尽的空虚。但很多这样的年轻人在各类社交软件上公开分享自己所发布的那些光鲜亮丽的文字和照片，都是他们花费了大量的工作和时间来对其进行网络布景和修图整理，反映出来的也并非自己真实的工作和生活。

第三节　大学生手机上网心理与行为问题研究

大部分中学生由于学习的压力和家长、学校的管控，没有充裕的时间自由使用移动设备上网。大学生是青少年群体中能自由使用移动智能设备上网的特殊群体，他们较没有上大学青年人更加懂得如何去利用移动智能设备上网来满足自己的需求，而大学生移动上网的主要工具是智能手机、平板电脑。

一、大学生手机上网心理问题研究及对策分析

从 2000 年开始，手机将成为"第五媒体"的说法就已经被业界提出。随着手机使用的普及和无线数据传输技术的发展，手机从单纯的通信工具向移动媒体转移的趋势愈加明显，手机正成为人们获取信息最重要的终端之一。我国拥有世界第一的手机用户量，而在当今的大学生中，手机的普及率可以说是100%。大学生是利用手机上网的主流群体。但是，在他们大量地享用手机上网所带来的娱乐和便利的同时，他们也成为手机的"奴隶"，由于对手机上网的过分依赖，严重影响了某些大学生的正常学习和生活。

（一）大学生手机上网案例

案例1：男生 A，平时为人比较内向，成绩较差，自从进入大学以来，觉得大学生活没有意思，不爱跟周围同学交往。自从手机有了上网功能以后，就开始每天晚上躺在床上看网络小说，通宵达旦，第二天清晨其他同学去上课，他就留在寝室呼呼大睡。久而久之，该同学黑白颠倒，经常旷课，学期末考试 5 门不及格。

案例2：女生 B，是家中独女，父母宠爱有加，为人活泼，性格单纯。自从进入大学校门后，觉得生活很丰富多彩，不像高中那么严格，父母也奖励了她一部有上网功能的手机。从此以后，该女生对手机寸步不离，QQ聊天、看网页、发邮件、网购等。就算是手机没有发出任何消息的声音，她每隔两、三分钟就要把手机拿出来看一下。长此以往，老师发现该生上课注意力不集中，课后作业完成不了，导致期末挂科。

（二）大学生手机上网成瘾成因分析

从上述两个案例可以看出，网络是一个新生事物，对于某些思维活跃、爱好广泛而又追求新鲜、刺激却又自控能力差的大学生来说具有太强

的诱惑力了；再加上现在手机上网的普及，使得越来越多的大学生能够随时随地上网、听音乐、打游戏、光顾不良网站等，但是如果一味地沉迷于手机上网，就会落入网络的陷阱，成为网络的牺牲品。

1. 心理因素

（1）社交缺乏。当今的大学生基本都是独生子女，家里有二孩的也年龄差别比较大，孩子在家容易产生孤独感。而互联网的产生，给他们提供了一个很好的社交平台，未曾谋面的陌生人也能在网上成为知己。久而久之，很多大学生会对这种社交方式产生依赖，从而对现实中的交流不感兴趣。

（2）炫富心理。早在 21 世纪之初，手机并不普及，只是在少数家庭条件优越的大学生手中使用，以满足自己的虚荣心。这就影响了周围的人，使得大家都想拥有一部手机，打电话、发短信就成为时尚一族的代名词。

（3）认知偏差。当今的社会是一个信息爆炸的时代，而大学生的求知欲旺盛，社会上最新的、一手的新闻常常是他们谈论的话题。手机上网方便快捷，信息量大而且更新速度快，对大学生具有很强的吸引力。某些大学生心理自控能力还不够成熟，世界观、价值观取向尚未定型，就容易抵制不了网络的诱惑，对网络上的在线游戏、社交交友和黄色信息上瘾。

（4）自信缺乏。自信是一种健康、良好的心理状态，是个体对自我的肯定。自信心较低的个体，往往会在网络这个虚拟世界里，寻找他人的认可和自我满足。在网络上，你可以匿名做很多现实生活中无法完成的事情，又不用担心会有什么后果。因此，很多大学生沉迷于网络游戏、论坛发帖、浏览黄色信息等，从而导致过度上网。

2. 外部因素

手机上网是个新生的事物，使某些非法手机网站经营者有了可乘之机。调查显示，大多数山寨版手机都会与非法手机网站合作，你只要购买了山寨手机，点开上网键，就会被自动连接到非法手机网站，出现黄色信息或者直接扣除手机话费。另外，手机游戏开发商的新游戏研发更是层出不穷，对爱好手机游戏的大学生存在不小的吸引力。

（三）大学生过度手机上网的危害

1. 影响大学生心理健康。由上述两个案例可以看出，一旦大学生过多地使用手机上网，对之产生依赖，有时即使手机没有响起，他们也会不由自主地、下意识地去看一下。这说明手机在大学生新生活中成为不可或缺的一部分。一旦手机忘在寝室，就会心理发慌、烦躁、焦虑，不能以正常的心理活动来学习、生活。

2. 影响大学生身体健康。众所周知，长时间使用手机打电话会造成听力下降，而长时间地盯着手机屏幕可以导致视力下降、手指抽筋、颈椎劳损、失眠、生物钟紊乱、食欲不振、免疫力下降、体重减轻。这些会严重影响大学生的身体健康，人际交往冷漠，常常还处于虚拟的网络世界中，无法自拔。

3. 影响大学生的人生发展。一个大学在读的大学生，一旦对手机上网产生了依赖，其直接的影响就是成绩下降。沉迷于网络游戏的大学生在课堂上不能专心地听课，有的甚至逃课，课后更无法按时完成作业。而手机网站里面的不良内容，更会使他们道德观缺乏，世界观、人生观出现偏差，有的甚至为了玩网络游戏而去偷窃、抢劫。

（四）大学生手机上网成瘾的对策

手机网络的出现，彻底地改变了我们传统的生活方式，对现代社会产生了巨大的影响。它将是未来社会生活的重要组成部分，今后的学习和生活都离不开网络。而未来是属于我们的学生，面对高速发展的互联网技术，他们早一点接触网络，利用网络，应该是一件好事。不管它会带来多大的冲击，也不管这种冲击中夹杂着多少不良成分，作为主宰新世纪的一代，绝不能人为地把他们隔绝在网络之外。因此，禁止不是好办法，引导才是关键。那么如何正确引导学生使用手机上网呢？

1. 思想引导大学生提高自律能力

大学生还未真正走上社会，因此，社会阅历较浅，世界观、认识观均有很强的可塑性，为了免受不良信息的侵害，学校应该让学生在思想上增强防范意识，正确引导学生使用手机上网。手机上网是一个新事物，让学生早一点认识手机上网，了解手机上网，但也要让他们明白什么时候可以用手机上网、在网上可以做什么，不但要懂得节制，关键还要用"取其精华，弃其糟粕"的态度对待手机上网。另外，要做好学生的思想引导工作，不仅仅是在学校，学生也有很大部分的时间是待在家里，因此，也需要学生家长的密切配合。在本文开头引出的两个案例中，两个同学的结果是完全不一样的，男同学 A 退学，女同学 B 摆脱手机依赖，重返正常学习生活。这两个案例的最大差别就是在家长这一边。A 的家长对老师反映的情况不够重视，任由孩子继续黑白颠倒地使用手机上网，最终由于学业不济而退学；而 B 的家长十分关注自己孩子的情况，多次到学校来沟通，还配合老师把女儿的智能手机换成了没有上网功能的手机，慢慢地让她习惯了没有手机上网的生活。因此，有家长配合学校共同做好引导工作，可以起到非常关键的效果。

2. 政府应加大对山寨手机制造商和手机网站的监管力度

手机网络涉黄的几个主要的环节为：手机企业业务推广、手机网站内容接入、服务器层层转包、手机上网代收费和涉黄网站变换域名逃避监管。手机网络不良信息的传播具有一定的隐蔽性，而我国现有的手机网络类相关法律尚不健全，手机网络"黄毒"也难以被彻底整治。因此，应该建立一种长效的手机信息网络监管体系，要求中国移动、中国联通、中国电信这三家主要手机运营商针对手机网络现状提出整改措施，充分发挥实名制和黑名单机制，从源头上遏制非法手机网站的介入，还要针对青少年手机用户实行上网过滤服务，比如日本电信公司提出的《保证青少年安全安心上网环境整顿法》，限制青少年使用手机网络的时间和对不良网站进行限制，从而有效地控制了青少年接触手机"黄毒"的机会，保证了手机通信市场的正常运行。

3. 学校可多开展丰富的校园活动，充实大学生的学习生活

同学们在进入大学之后，摆脱了高中时的升学压力，时间相对比较自由，有些同学就会觉得不适应，无所适从，这就给了手机网络这个新兴事物的可乘之机。大学可以开展诸如辩论赛、运动会、学生社团、歌舞大赛等文体类的活动，把大学生从教室和寝室吸引过来，并积极地参与其中，陶冶情操，锻炼能力。

二、大学生手机上网与坚韧人格及学业情绪的综合研究

青年大学生群体具有易于接受新事物的特性，是很多新媒体产品的潜在用户，对于手机上网亦是如此。手机互联网以其特有的便捷、互动、及时性得到不少大学生网民的认可，手机互联网已成为大学生网络应用的一个重要发展方向。据中国互联网络信息中心（CNNIC）发布的《第49次中国互联网络发展状况统计报告》显示，截至2021年12月我国手机网民规模为10.29亿，较2020年12月新增手机网民4298万，网民中使用手机上网的比例为99.7%。① 同时，5G网络的逐步推广使得手机上网的速率大幅度提升，手机上网成为人民日常生活必不可少的活动。

从网络出现以来，大量的网络研究都集中在传统的互联网，而对新兴的移动互联网的研究很少。就手机对学生的影响，有不少学者从手机短信传播、手机人际传播、手机文化等手机使用行为的角度进行了研究，而关于大学生手机上网心理与行为的影响因素以及它们之间的相互作用的研究目前较少。本研究主要对大学生手机上网的现状，手机上网与坚韧人格及

① 中国互联网络信息中心. 第49次中国互联网络发展状况统计报告［R/OL］. 中国互联网络信息中心网站，2022-02-25. http：//www.cnnic.cn/hlwfzyj/hlwxzbg/hlwtjbg/202202/t20220225_71727.htm

一般学业情绪的关系进行综合研究。

（一）对象和方法

1. 对象

采取抽样法抽取某校学生 172 人，其中文科学生 78 人、理科学生 94 人；其中男性 69 人、女性 103 人。

2. 测试工具

（1）大学生坚韧人格评定量表。该量表由卢国华、梁宝勇编制，量表采用 4 级评，由韧性、控制、投入、挑战 4 个维度构成，反映了被测试者人格坚韧性程度。研究表明，该问卷具有较好的信度与效度。①

（2）大学生一般学业情绪问卷。该问卷由马惠霞编制，问卷采用 5 级评，本次研究抽取了厌烦、失望、自豪、气愤、兴趣 5 个维度，反映了被测试者在一般学业情景中的情绪反映。研究表明，该问卷具有较好的信度与效度。②

（3）大学生手机上网调查问卷。该问卷由著者根据大学生上网的一些实际情况和相关研究自编，共 18 个条目，涉及大学生使用手机上网的时间、费用、目的、态度等问题。

3. 测试与统计方法

测试前对学生讲解测试的目的和方法，要求根据实际情况对每一项内容做出独立的评定。然后对数据进行描述统计、相关分析、卡方检验和方差分析，所有统计工作采用 EXCEL2003、SPSS17.0 完成。

（二）大学生手机上网研究结果

1. 大学生手机上网的现状分析

（1）手机上网持续的时间及花费

被调查学生中每天使用手机上网的有 81 人、占调查对象的 47.1%，

---

① 戴晓阳. 常用心理评估量表手册 ［M］. 北京：人民军医出版社，2011：301.
② 戴晓阳. 常用心理评估量表手册 ［M］. 北京：人民军医出版社，2011：261

经常使用手机上网的有 66 人、占 38.4%，而不使用手机上网的只有 1 人。大学生每天使用手机上网的时间从 1 小时以内、1~2 小时、2 小时以上的百分比分别为 47.7%、24.4%、27.9%。据此看来，手机上网成了大部分学生每天的必修课，但是累计的时间并不是很长。就手机上网的费用来看，占调查对象 79.7% 的学生使用的是 5 元手机上网套餐，使用 6 到 10 元套餐的只有 11.6%。因此，大学生手机上网的消费不是很高，大概占到月手机费用的十分之一左右。

（2）手机上网的利用程度

学生们在上课无聊时、闲暇时、查询信息时使用手机上网的百分比分别为：31.4%、52.4%、12.2%。上课时经常使用手机上网的学生有 19.2%，偶尔使用的有 73.8%，从不使用的只有 7%。可见，大学生基本上是在无所事事或闲暇时使用手机上网，而利用手机上网查询信息的并不多。但是，在做作业时经常会用手机上网查找资料的有 30.8%，偶尔为之的有 60.5%，从来没有的有 8.7%。有近三分之一的学生会把手机上网作为学习上的辅助工具，看来，手机互联网将越来越成为学生学习的好帮手。手机上网的便捷性也会带来不良的影响，有 5.3% 的学生在考试的时候经常使用手机查找资料，而偶尔为之的有 34.9% 的学生。因此，有近四成的学生考试的时候利用手机上网查阅资料考试舞弊，手机上网也将越来越成为大学生考试舞弊的重要手段。

（3）手机上网浏览一些不良信息的态度

在用手机上网浏览一些不良信息的态度上，57% 的学生认为"可以理解，但不会去看"，认为"必须坚决抵制"的学生占 25.6%，觉得"这可以满足个人需要，偶尔看看"的学生占 16.9%，而经常会去看的只有 1 人，占 0.6%。看来，大部分的学生还是不会去用手机上网浏览一些不良信息的。通过卡方检验，男女学生在此方面的态度存在显著差异（$x^2 = 11.32$，$df=2$，$P=0.003$）。相比较之下，男生可能较女生更喜欢用手机上网浏览一些不良信息。

2. 大学生坚韧人格与一般学业情绪状况分析

（1）大学生坚韧人格的性别差异

男女大学生在一般学业情绪的各维度方面没有显著差异，但在坚韧人格总分（t = 3.12，p = 0.002）和各分维度之间均存在显著差异。男生（M = 73.54，SD = 12.14）在各项指标的得分均值显著高于女生（M = 67.96，SD = 10.81），但是男生得分的标准差也高于女生，说明虽然男生的坚韧人格总体水平好于女生，但男生的两极分化现象要比女生明显。

（2）坚韧人格与一般学业情绪相关研究

坚韧人格与大学生一般学业情绪的厌烦、失望分维度呈显著性负相关（-0.274**、-0.165*），与自豪、兴趣呈显著性正相关（0.265**、0.450**），其中学习兴趣的相关度最高。这说明人格坚韧性程度高的学生不容易出现学习上的失望与厌烦，学习的兴趣与因学习而带来的自豪感也越强烈。看来，人格中的韧性、控制感、投入以及挑战都是影响大学生学业情绪的重要因素。

（3）生活费与坚韧人格、一般学业情绪的关系研究

月平均生活费不同的学生在坚韧人格（F = 5.50，P = 0.005）和一般学业情绪的厌烦（F = 5.12，P = 0.007）上存在一些显著差异。本次研究把大学生的月平均生活费分为：500 元以下（占调查对象的 15.1%，M = 23.42，SD = 6.01），500 到 800 之间（51.2%，M = 27.75，SD = 7.64），800 元以上（33.7%，M = 29.74，SD = 10.14）三种情况。采用 LSD 法多重比较发现：月生活费在八百元以上的学生的坚韧人格得分最低，说明这类学生的韧性、控制感、做事情的投入性以及挑战性比月生活费在八百元以下的学生差。另外，月生活费在五百元以下的学生的学业中的厌烦感比其他学生要好，随着生活费的上升，学生的学业情绪中的厌烦感越来越强，这种差异达到了统计学中的显著程度。伴随学习中的厌烦心理，随之

而来的失望心理也越来越强。统计数据表明，随着月平均生活费的上升，学生在学业中的失望的得分也有上升趋势，这三组学生的"失望"得分的均值是 19.65、22.86、23.59。

另外，通过卡方检验，文理科学生在生活费中也存在显著差异（$x^2 = 6.22$，$df = 1$，$P = 0.045$），文科生生活费偏高者较理科生多，理科生中生活费偏低者较文科生多。

3. 大学生手机上网与坚韧人格及学业情绪的综合分析

（1）手机上网的时间与坚韧人格、学业情绪

每天手机上网时间不同的大学生，在挑战性（$F = 3.09$，$P = 0.048$）和学业中的失望感（$F = 3.44$，$P = 0.034$）上存在显著差异。每天手机上网 1 小时、1~2 小时、2 小时以上的学生在挑战性方面的得分均值分别为 18.55、17.83、17.06，在坚韧人格总分方面的得分均值为 71.57、70.79、67.33。这说明人格坚韧性程度高、挑战性越强的学生，每天手机上网的时间越短。这三类学生在失望感上的得分均值分别为 21.16、23.10、24.71，学习中的失望感越强，越倾向于使用手机上网。

经常用手机 QQ 联系同学、朋友的大学生，学习中的厌烦感也较多。经常联系的学生的得分为 30.31，偶尔的为 26.85。看来，手机互联网成了学生倾诉学业中的失望、厌烦情绪的重要工具。

（2）考试利用手机互联网舞弊与坚韧人格、学业情绪

考试时用手机上网查资料的学生，与其他学生在自我控制感（$F = 2.74$，$P = 0.045$）、挑战性（$F = 4.26$，$P = 0.006$）、坚韧人格总得分（$F = 3.58$，$P = 0.015$）以及学业情绪的自豪感（$F = 3.51$，$P = 0.017$）方面存在显著差异。通过 LSD 法逐对比较与观察得分均值相结合，发现考试时用手机上网查资料（舞弊行为）的同学的坚韧人格（包括控制感、挑战性）较不用手机上网查资料的同学要差，而且他们学习中的自豪感以及学习的情绪也较低。

（3）上课时使用手机上网的态度与挑战性

认为"上课应该好好地听讲，不应该使用"（M = 18.84，SD = 2.60）的同学挑战性得分要显著（t = 2.41，p = 0.018）高于持"无所谓"（M = 17.29，SD = 3.77）态度的学生，可见勇于挑战、敢于挑战的学生上课的态度也较好。

（三）结论与讨论

当前，手机上网已经是客观的事实，以后也会越来越普遍。面对这样的情况，教育者单纯地否定、排斥不仅起不到期望的效果，可能还会引起反面效应。我们要引导青年大学生及时跟上新媒体传播技术发展的步伐，理性、科学地认知、应用和享受手机移动互联网的成果。所以说，对大学生手机上网进行研究是当前学校教育所迫切要求的。

第一，目前，手机上网已经成为绝大部分大学生每天的必修课，手机互联网已成为大学生网络应用的重要补充。但是每天累计的时间并不是很长，在1~2小时左右，这基本上都是无所事事或闲暇的时间。所以他们在手机上网中的花费不是很高，大概占到月手机费用的十分之一左右。虽然每天使用手机互联网的时间不长，但有近三分之一的学生经常把手机上网作为学习上的辅助工具。看来，手机互联网将越来越成为学生学习的好帮手。手机上网的便捷性也会带来不良的影响，有近四成的学生在考试的时候曾经利用手机上网查阅资料考试舞弊，手机上网也将越来越成为大学生考试舞弊的重要手段。这些学生人格的坚韧性（包括控制感、挑战性）较考试时不用手机上网查资料的同学要差，而且他们学习中的自豪感以及学习的兴趣也较低。

由此可见，大学生手机上网的总体素养水平还有待提升，在引导大学生如何合理有效地使用手机互联网、如何加强自律以及如何加强自我教育方面还有很多的工作要去做。

第二，男生的坚韧人格总体水平好于女生，但男生的两极分化现象要比女生明显。这与程亚华研究认为"女大学生的独立性、控制感、挑战感都很高，愿意更多的积极寻求挑战"不一致。① 这可能与样本的选择以及量表的使用不同有关，故这方面的研究还有待于进一步深入。

人格坚韧性程度越高的学生越不容易出现学习上的失望与厌烦，学习兴趣以及因学习成果而带来的自豪感也越强烈。同时，这类学生在经济条件较差的情况下，也能保持较好的投入性、挑战性、学习兴趣和学习期望。因此，坚韧人格（韧性、控制感、投入以及挑战）是影响大学生一般学业情绪的重要因素，有必要采取相关措施进一步提高各级各类学生的坚韧性。

第三，挑战性越强的学生，每天手机上网的时间越短；学习中的失望感越强，越倾向于使用手机上网。手机 QQ、短信交往给内向、隐蔽、不习惯直白地表露内心真实情感的学生提供了一个很好的心理倾诉的平台，手机互联网成了学生倾诉学业中的失望、厌烦情绪的重要工具。在引导学生正确地利用手机网络倾诉内心烦恼的同时，也要防止手机网络依赖心理的出现。

三、大学生手机上网与网络成瘾及学习倦怠的综合研究

当前，智能手机功能越来越强大，移动上网应用出现创新热潮，从而促成了普通手机用户向手机上网用户的转化。据中国互联网络信息中心（CNNIC）2022 年 2 月发布的《第 49 次中国互联网络发展状况统计报告》显示，截至 2021 年 12 月，手机网民有 10.29 亿②，在校大学生每个人都拥有可以上网的智能手机。从网络出现以来，大量的网络研究都集中在传统的互联网，而对新兴的移动互联网的研究很少。本研究主要对大学生手

---

① 程亚华. 大学生性别角色与坚韧性人格的关系 [J]. 中国学校卫生，2010（31）10：117.

② 中国互联网络信息中心. 第 49 次中国互联网络发展状况统计报告 [R/OL]. 中国互联网络信息中心网站，2022-02-25. http：//www.cnnic.cn/hlwfzyj/hlwxzbg/hlwtjbg/202202/t20220225_71727.htm

机上网的现状，手机上网与学习倦怠及网络成瘾的关系进行综合研究。

（一）研究对象和方法

1. 研究对象

采取抽样法抽取某校学生 226 人，其中文科学生 96 人、理科学生 102 人、工科学生 28 人；其中男性 114 人、女性 112 人。

2. 测试工具

（1）青少年上网成瘾自评量表。该量表共有 17 个条目，采用 5 级评分法，反映了被测试者网络成瘾的症状及诱因，总分大于 45 分表明上网已经成瘾。①

（2）大学生手机上网调查问卷。该问卷由著者根据大学生上网的一些实际情况和相关研究自编，共 13 个条目，涉及大学生使用手机上网的时间、费用、目的、态度等问题。

3. 测试与统计方法

测试前对学生讲解测试的目的和方法，要求根据实际情况对每一项内容做出独立的评定。然后对数据进行描述统计、相关分析、卡方检验和方差分析，所有统计工作采用 EXCEL2003、SPSS17.0 完成。

（二）结果分析

1. 大学生手机上网与网络成瘾的分析

（1）大学生网络成瘾分析

上网成瘾自评总分大于 45 分（上网已经成瘾）的学生占调查学生的 1.8%，表明网络成瘾的大学生并不多。调查学生的总均分为 1.43，标准差为 0.38，说明从整体上来看，所调查学生的上网心理比较健康。

男女大学生在网络成瘾上存在显著差异（T=4.54，P=0.000），男生（M=26.23，SD=7.27）得分均值显著高于女生（M=22.53，SD=4.70），

---

① 戴晓阳. 常用心理评估量表手册 [M]. 北京：人民军医出版社出版，2011：108.

但是男生得分的标准差也高于女生，说明男生的网络成瘾不仅均分高于女生，而且男生的两极分化现象要比女生明显。另外，网络成瘾在专业上和性格上没有显著差异，即不同专业、不同性格的学生在网络成瘾程度上没有明显差别。

（2）手机上网与网络成瘾的综合分析

第一，月手机上网支付费与网络成瘾。月平均手机上网支付费不同的学生在网络成瘾上存在显著差异（F = 4.84，P = 0.009）。月平均手机上网支付费 10 元以上（M = 27.15，SD = 8.21）学生的网络成瘾程度要显著高于 5 元以下（M = 23.89，SD = 5.46）和 6～10 元之间（M = 23.63，SD = 6.22）的学生。表明手机上网费用较高的学生，其网络成瘾倾向明显。

第二，上课使用手机上网与网络成瘾。上课时用手机上网的频率不同的学生，在网络成瘾上存在显著差异（F = 3.24，P = 0.041）。上课经常使用手机上网的学生（M = 26.46，SD = 7.17）的网络成瘾程度要显著高于偶尔使用（M = 23.8，SD = 5.87）和从来没有使用的学生（M = 26.00，SD = 8.82）。看来，网络成瘾程度高的学生也倾向于更多地使用手机上网，即使是在上课的时候。

2. 手机上网与学习倦怠的综合分析

（1）大学生学习倦怠状况分析

调查显示，大学生学习倦怠的水平较高，接近中间值。情绪低落、行为不当和成就感低的均值分别为 2.70、3.19、2.87。其中，行为不当较为严重。大学生的学习倦怠在性别、专业、性格上没有显著差异。由此可见，大学生由于学习压力或缺乏学习兴趣而对学习感到厌倦的消极态度和行为不仅情况不理想，而且比较普遍。

（2）手机上网与学习倦怠的综合分析

第一，从对待手机上网的态度来看，认为可以借机消遣下的学生的学习倦怠程度要显著高于（F = 7.31，P = 0.001）认为无所谓、不该用手机上网的学生，三者的均值分别为 61.55、57.30、55.09。上课经常使用手机上网的学生在学习倦怠上的得分显著高于（F = 5.34，P = 0.005）偶尔或从来不使用手机上网的学生。经常、偶尔、从来没有的均值分别为 62.65、57.41、53.44。

第二，使用手机上网程度不同的学生在学习倦怠方面存在显著差异（F = 6.16，P = 0.002）。没有使用过手机上网的学生（M = 36）在学习倦怠上的得分显著低于偶尔使用（M = 55.95）和经常使用（M = 58.96）的学生。平均每天使用手机上网时间不同的学生在学习倦怠上存在显著差异（F = 5.004，P = 0.007）。2 小时以内（M = 56.08，SD = 11.09）的学生显著低于 2~4 小时（M = 59.31，SD = 9.32）和 4 小时以上（M = 62.34，SD = 11.57）。

第三，月生活费与学习倦怠。月平均生活费不同的学生在学习倦怠上存在显著差异（F = 4.574，P = 0.011），月生活费在八百元以上的学生的学习倦怠得分显著高于其他学生，说明这类学生厌学情绪比月生活费在八百元以下的学生糟糕。月生活费在 500 元以下、500 到 800 之间、800 元以上三者学习倦怠的均值分别为 52.76、57.32、60.13。数据表明，随着月平均生活费的上升，学生学习倦怠的得分也有上升趋势。

另外，大学生网络成瘾与学习倦怠存在极显著相关（r = 0.36，p = 0.001），缺乏学习动机和学习兴趣、厌学感强的学生其网络成瘾的倾向性也比较明显。

（三）结论与讨论

当前，手机上网已经是客观的事实，以后也会越来越普遍。面对这样的情况，教育者单纯地否定、排斥不仅起不到期望的效果，可能还会引起反面效应。我们要引导青年大学生理性、科学的认识、应用和享受手机互联网的成果。

第一，目前，手机互联网已成为大学生网络应用的重要补充。随时随地掏出手机来就能上网,既可以打发无聊时间还能跟人交流、获得资讯。大学生在课堂上用手机上网已成为非常普遍的现象,手机网瘾也因此正在挑战大学课堂,部分大学生患上了"手机上网综合征",每隔几分钟就会摸摸手机,看看 QQ 留言。大学的课堂纪律和教学质量正在受到考验,什么样的学习方式,什么样的教学方式才能真正让学生回到课堂,这是高校教育工作者亟待考虑的问题。

第二,大学生学习倦怠的水平较高,手机互联网已经成为大学生排解学习倦怠情绪的重要工具,目前如此多的大学生成为"手机控",正是他们无心学习或者厌学的只要体现。学习倦怠指的是一种在学习活动上消极的萎靡不振的精力耗竭状态,表现为乏力、焦虑、厌倦、冷漠、消沉、郁闷、悲观等一系列倦怠情绪的综合反映。在这种倦怠情绪的影响下,注意力难以集中在学习上,导致学习困难,严重者还感到学习甚至生活乏味,最后厌倦学校生活,逃学,最终走向学业失败。学习倦怠的产生与大学生对大学学习的重要性重视不够,学习抱负水平低以及教师的教学内容、风格,甚至是高校的教育体制等都有关系。

第三,大学生网络成瘾的人数不多,网络成瘾程度高的学生也倾向于更多地使用手机上网,即使是在上课的时候,而且手机上网费用较高的学生,其网络成瘾倾向明显。看来手机互联网给那些迷恋网络的学生提供了一个新的平台。由此可见,大学生手机上网的总体素养水平还有待提升,在引导大学生如何合理有效地使用手机互联网、如何加强自律以及如何加强自我教育方面还有很多的工作要去做。

第三章

青少年网络社交的心理与行为

    截至 2021 年 12 月，我国即时通信用户规模达 10.07 亿，占网民整体的 97.5%；较 2020 年 12 月增长 2555 万，增长率为 2.6%。即时通信用户规模在 2021 年持续稳定增长行业发展主要体现在网址链接访问更加顺畅、新功能持续探索和企业端产品蓬勃发展等方面。数据显示，微信小程序日活跃用户突破 4.5 亿，活跃小程序数量同比提升 41%；零售、旅游和餐饮行业小程序交易额同比增长超过 100%。① 在我们的日常生活中，你是不是经常会看到这样的场景：在上下班的城市公交、地铁上，在公共电梯里，中午或晚上下班休息和中午吃饭的时候，晚上或者中午睡觉前，周末休息的时候，我们周围的人是不是很多都在刷抖音或者刷微博、微信朋友圈。有的人每天花在抖音、微信、微博、B 站等虚拟社交软件的总时间超过几个小时甚至更多。人作为一种具有社会特征的动物，不得不通过各种社会交往方式来和别人进行合作和交流，展示自己的价值、感受自己的存在。在日常生活中，我们抱团取暖，一起成长，这都永远离不开社会。但是，现在每一个人都拥有一部便携式的智能手机的今天，微信、探探、soul 等

---

    ① 中国互联网络信息中心. 第 49 次中国互联网络发展状况统计报告 ［R/OL］. 中国互联网络信息中心网站，2022-02-25.. http：//www. cnnic. cn/hlwfzyj/hlwxzbg/hlwtjbg/202202/t20220225_ 71727. htm

社交应用程序层出不穷。当今世界，没有人是一座孤岛，网络大大缩小了整个世界的距离，而我们与身边的每一个人却越来越远。移动互联网使得我们不出门就可以结交到各式各样的朋友，但是那些频繁地使用社交软件进行聊天的人，最终还是哭了。当你已经不再能够离开社交网络的时候，你就会越来越倾向于使用网络去逃避现实生活。

第一节　青少年网络社交的概况

无论什么时候，社会交往对于我们每个年轻人来说都应该是非常重要的，随着互联网时代的进步和发展，我们的社会交往方式也发生了巨大的改变，由以前的线下面对面交往，发展到现在的网络社会交往（即现在的线上交往），有了非常大的发展和改变。这为那些长期居住在互联网时代的人提供了各种交往的方便，再也不需要用单一的方式去交朋友了，多元化交朋友的途径已经逐渐成为新的主流。互联网时代已经产生了很多社交类软件，我们大家最常见的就是微信、QQ、抖音了，无数的网络用户都可以利用它来与身边的朋友或者是家人之间取得联系，我们甚至还可以在上面认识一些陌生人，也可以让我们认识更多的朋友，还可以让我们使用朋友圈这种形式在网络上分享自己的工作和生活情况，记录下自己每一段日子，是不是很好呢？使用它，让我们交朋友不再难，大大地增加了大家认识的概率。其他各种网络社交软件也非常多，相信许多年轻人都在研究和使用。有在职场上特别专门使用、通信交流的、视频的等。细心的你会发现，虽然有人嘴上说有很重要的考试或工作要做，但他经常会乐呵呵地刷抖音以及一些朋友圈，完全没有很赶时间的意思。有时候周围的朋友都看不下去了，劝他说"你这样子刷抖音，会影响考试和工作的"，但是他本人好像并不是很急。

一、网络社交概述

社会交往，即指在人类和社会生活中的各种人与其他人之间进行的交往。网络社交就是泛指人与其他成员之间的各种交际和往来关系，借助于现代的通信设备，部分转移到虚拟化的网络平台，而通过互联网来达到交往目标的软件，便是网络社交软件。世界上使用率最高的社交软件主要是Facebook、WhatsApp Messenger、微信、QQ 等。互联网已经导致了一种完整而又更加全新的人类社会组织和生存模式，正逐步走进我们的日常生活，构建了一个已经超越于当今地球各个空间之上、庞大而又更加具有一定规模的群体——网络群体。21 世纪的人类社会正在逐渐浮现出一个崭新的形态与特质，网络全球化时代的个人正在聚合为全新的社会群体。[①]

新生的网络社会，具有不同以往任何一种社会形态的特征，其基本特征之一便是每一个人都将成为互联网的使用者和主体。未来的每一个人，除了在现实生活中的自己，在互联网上都有一个自己的代表。在互联网上能充分体现你的个性、你的价值观念、你的各种信息。同时，还可以随时与他人之间进行沟通交流，每一个人都成为互联网的一个"节点"。它是由人类、民族国家、民族社会、个人这些众多的"网"环环相扣、错综复杂地交织而成的。随着众多网络社交软件的兴起，网络社交蓬勃发展，新的互联网热逐渐升温，有人认为，网络社交将缔造人际交往的新模式。

（一）网络社交的特点

伴随着现代人类信息科技和文化的进步与发展，互联网促进了人类生产活动的科学化、技术化，改变了现代人们某些传统生活习惯和生产交流方式，给现代人们的生产经济发展带来了深刻影响。网络社交方式具有以

---

① 孙翔云，陈英，江奇艳. 网络大众论［M］. 广州：中山大学出版社，2008：100-103.

下特点：①

1. 自由性与平等性

网络社会的结构是分散的，没有一个绝对的核心，也不存在阶层和等级的关系。网络中的每个成员都可以最大限度地直接参与到信息的生产、制造及其传播中。这就导致了网络的成员几乎不受外在的约束，而是更多地具有自主性。与现实社会生活中个体的交流相比，网络社会本身拥有更加宽泛的自由空间，传统的监管和行政管理方式正变得渐渐不能适应其发展。在青少年网民中，很多人都承认曾经或者是有意地浏览过色情网站、暴力信息等不健康的内容。其中许多青少年也因此放弃了正常的学习和生活，荒废了自己本应良好的学习生涯，成为"电子海洛因"的消费者，对身心健康造成了严重的伤害。而大部分经常接触这些不良信息的青少年，均认为是由于他们长期缺乏外界有力的心理支持和自我约束，再加上他们自我监管能力相对薄弱，而频繁地访问不健康的信息。因此，网络在给我们带来巨大便利的同时，也给传统的道德法制教育带来了巨大的挑战。

由于网络没有绝对的中心，没有直接的领导和管理结构，没有等级和特权，每个网民都有可能成为中心。因此，人与人之间的关系和交流逐渐趋于平等，个体的平等意识和权益保护意识进一步提高和增强。人们可以在生活中充分运用网络所特殊的互动式功能，互相交流、制造和使用各种信息资源，进行人际沟通。虽然"数字鸿沟"仍然存在，许多"信息边远地区"的人们根本没有机会参与到网络上的人际交往和互动中，但从整体而言，平等性依旧是网络上人际交往关系的主要表现特征。

2. 虚拟性与匿名性

现在网络社会对于人际交往、人际关系的界限和规范性定义，已经远远超越了传统人际交往和人际关系的内涵。网络社交是在虚拟的非现实技

---

① 孙翔云，陈英，江奇艳. 网络大众论 [M]. 广州：中山大学出版社，2008：110-112.

术基础上实现的一种人与人之间的间接交往。在网上，人们通常都是可以"匿名进入"，网民之间通常也不会进行面对面的直接交流。这种现代化的人际交往以符号作为其主要表现形式，现实社会环境中的许多个体特征，如他们的姓名、年龄、外貌、健康状态、个性和社会联系、身份地位等都被抽象化、符号化了，人的行为也因此具有了虚拟的特征。部分网民在使用互联网平台进行虚拟交际时，经常会选择扮演一些与自己真实的主体身份、个性特征有所差别，甚至可能是截然不同的网络虚拟现实人物。比如，五尺高的壮汉可以把自己假扮成一个妙龄美少女，与其他网民共同上演一部浪漫主义式的情感悲喜剧；一旦"坏了名声"，又可以很方便的改名换姓，以新的形象再次出现。在这样的实际情况下，很多网民往往会面临网上网下判若两人的角色差异和角色冲突，极易出现心理危机，甚至产生双重或多重人格障碍。

网络的虚拟社交和真实的社会生活环境的人际交往相去甚远，网络的虚拟性和匿名性等特征，也直接导致了当今互联网上青少年道德感的弱化现象。很多青少年并不真正觉得自己在互联网上和别人聊天时谎言是不道德的，也有部分青少年觉得偶尔在网上对别人说粗话没有什么大不了的，还有人觉得自己在网上做任何事情都可以毫无顾忌。青少年的这种网络社会道德感和网络法制观念之所以弱化，主要是因为网络虚拟社会道德法制观念没有很好地树立起来。现实生活中的每个人在网络上的存在都是虚拟的、数字化的、以符号形式出现的，缺少"他人在场"的压力，"快乐原则"支配着个人欲望，日常生活中被压抑的人性中恶的一面会在这种无约束或低约束的状况下得到宣泄。这种网上道德感的弱化直接影响和反作用于青少年现实生活中的道德行为。

3. 开放性与多元性

网络化的人际交往已经完全超越了地域时空的限制，消除了与不同地域国家和公共地域之间的网络人际交往边界，拓宽了许多地域的人际交往和人际关系，使得人际交往方式变得更加开放。"电子社区"的诞生和发展，使得每一个居住在不同生活场所中的年轻人，都完全能够"在一起"，并进行信息交往、互动娱乐。与此同时，交往活动的人口规模也在不断扩大增加，必然也会使人们的各种社会关系朝着更加公平、开放的方向发展。

网络信息的全球交流与共享，使时间和空间失去了传统的意义。人们已经可以不再因为自己受到自然物理和空间两种条件的双重限制，而自由地进行交往。人与人之间不同的政治思想观念、价值意识取向、宗教信仰、风俗习惯和人们日常生活工作方式等的矛盾冲突和相互融合，正在虚拟的网络空间中不断进行。这种具有不同价值取向的多维度，给每个在移动互联网上的青少年都创造了一个空前宽松的网络学习和工作生活休闲场所。而对于责任意识较弱、独立选择能力不够、责任感没有充分建立起来的青少年来说，网络空间的自由环境让他们有了充分展示自己个性、发表独特观点的平台，使网络世界呈现出来百花齐放、百家争鸣的多元化局面。

4. 异化性与失范性

网络社会中的人际交往主要是以平板电脑和计算机作为信息中介工具进行的非接触式信息沟通，长期如此可能使这些个体和社会群众逐渐变得孤立、冷漠和非社会化，容易导致人性本身的丧失和异化。网络社会这种开放、自由的环境所带来的是一种崭新的、动态的和超文本式的网络交流模式。这种自动化、精准的、智能化的网络人机之间信息交换和沟通系统，自然缺少面对面之间的互动和信息交流的人情味，容易造成很多人对现实生活当中的其他人和现实社会当中的事件漠不关心，甚至就会直接地让很多的人对社会当中发生的事件自然地产生一种心理上的精神麻木和道德冷漠。并且丧失对于社会的现实感和有效地对社会伦理道德进行分析和判断能力，严重的话甚至会造成人性的严重损害与道德丧失及异化，出现一些严重违背现代人类基本原则的极端社会案例。据一项调查，大学里有不少学生上网的大部分时间里不是在学习而是在玩网络游戏。当前大部分网上游戏充斥着战争、暴力、凶杀等血腥内容，痴迷于此的学生容易养成冷漠、无情和自私的性格，既不关心集体，也不关心他人，这对青少年网络道德教育提出了新的挑战。

现代网络社交世界的不断建立和逐步发展，开拓了当前网络人际交往的新发展方向，也逐步出台了相应的规范标准。除了一些具有技术性的网络规则协议（如电子文件网络传输协议、互联网络协议等），网络社交行为同其他的社会行为一样，也必须严格遵守一些道德规范和法律原则，因此也逐渐出现了一些基本的"乡规民约"，如在线网络电子书和邮件中所需要使用的各种语言文件格式、在线网络谈话中所使用的语言习惯及各种礼仪。但从分析目前现有的网络法律情况来看，大多数网络准则仅限于对网络伦理道德的规范约束，而被广泛地应用于约束网络生活中的人际交往各种具体行为的网络准则仍未建立健全，且缺少可操作性及有效的控制措施。那么就很容易导致一些网络媒介信息传播的内容空白、无序、失范。如有的人可能会在网上随便放纵自己、任意对人撒谎、伤害别人；有的人甚至可能会在网上随意扮演多种角色，在网上与别人之间随意进行虚假的信息互动和人际交往，从而最终导致网上的人际交往具有极大的随意性。网络的人际社会同样充满着激烈的社会竞争、冲突，时不时还会出现各类网络犯罪活动。这就需要拥有一定的网络社会道德、法律行为规范进行管理和监督，以调整网络社会中的各种人际关系，以便于维护正常的网络社会秩序。

5. 间接性与广泛性

网络正在不断改变着我们的日常人际交往生活模式，突出的一点就是它不仅能够直接使人与人面对面、互动式的信息沟通交流转化为人与机器之间的信息交流，具有明显的间接性。这样的间接性也决定了网络交流的广泛性。过去，时空的局限一直是一个导致我们无法进行更大范围的交往的主要障碍，而在这个现代化和网络化的社会，这一类的障碍不再存在，只要你真心愿意，在网上就能够与他人直接"对话"。

（二）网络社交的利弊分析

网络无疑被人们认为是一把双刃剑，它可以为现代人带来更多生活便捷、高品质的社交和生活，也能够产生巨大的社会负面效应，网络社会交往同样也存在优势和不足。

1. 网络社交的优点

（1）增加人际交往机会

网络不仅给人们提供了更多的资源和信息，而且赋予了人们广泛的交往和人际沟通的机会，提供了一种扩大社会联系的新型交互式发展空间。有很多人在现实生活中可能过于内向、腼腆，存在着社交焦虑，这非常不利于他们的社会交往。唯独是到了互联网空间，他们就完全能卸下所有的安全保护，轻松地展示自己，可能就转变为一个段子手或者说是一个文艺青年，等等。网络上沟通和交流渠道畅通，为他们迎来了世界各地更多的聊得来的好朋友，从而弥补了现实生活中社会交往关系的匮乏。但是，还有一个不可忽略的作用，那就是在择偶上，网络社交媒体也提供了帮忙。有很多人的圈子太小，那么在圈子内适宜的异性又太少，那么网络就成为他们扩大圈子的重要途径。这种方式主要包括有一些婚恋网站、恋爱软件，以及通过网络上的精彩表现，吸引到对你感兴趣的每个人。

（2）拓展人际交往模式

在多元主体价值观念的激荡中，网民通过自身的学习、交往和探索，达到了相互沟通、理解或者形成共识。在高度走向信息化、自动化的现代网络社会中，在家线上办公、网上学校、网上商城、网上公共医疗机构、网上公共图书馆以及网上电子银行等都不再是梦想。总之，在网络特殊的交往环境中，人们都会随着互联网络信息的不断发布和流动，而把自己主动融入"无限"的网络群体中。其中的各种社会信息互动性和人际接触的范围也就成倍数地扩展，有助于人们共同构建新型的社会关系，拓展自己的社会化发展空间。而且新型网络互动生活正日益发展成为人们各种社会生活方式的一个重要组成部分，网络社会交往也逐步发展成为现代人们社会生活的新型生活方式。这种全新的人际交往模式正在给我们社会带来深刻影响，它极大地改变了我们的思维方式、行为表达模式与人们的日常生活。

（3）巩固和增强社会联系

如果你有不在同一个城市的亲人、朋友，那么你一定要经常使用视频电话来维持你们的联系或者是亲密关系。否则，你们的友谊有可能会疏远。这种网络视频电话，有助于维持你们之间的友好关系。在其他相互关系的促进上，网络社交媒介也同样扮演着重要角色。比如有时候你想要告知自己的亲密朋友一些真实的感受和想法，但是一个一个地在网上私聊又过于浪费了自己的时间，那么直接发微信朋友圈，他们都能够清楚地看到，而且他们也会给你留言，你就会进行评论和回复，这样之后的关系就得到了促进。还有的时候，你会觉得某人说了一些话不好当面说，比如对某个朋友的建议，那就推送一条只能让某人可见的微信朋友圈，那么这条朋友圈就成为缓解你们关系的平台。

（4）获得社会支持

或者你也曾经有过诸如在学习群、早起群、减肥群等地方进行打卡的体验？在现实中，那些和你的目标一致的同伴或朋友很少，这时你主动地去网上搜索，却还是会找到不少盟友。因为经历和目标是相同的，所以他们都会理解你，并且支持你，你们相互促进。

2. 网络社交的缺点

（1）现实生活中人际情感的疏远

网络这种全球化和发达的信息传播手段，使得人与人之间的关系没有了空间上的障碍，同时也使得现实社会中人与人之间的关系变得更加疏远。虽然网上的虚拟互动交往能够帮助我们解决暂时的现实困扰，找到暂时的精神寄托，但是却并未能够真正地满足现实生活中每个人的心理和情感需要，而有些人因为过分地沉迷在虚拟的世界，往往又会对现实生活产生较大的距离感和疏远感。

（2）信任危机

网络这种完全虚拟化的人际交往模式，使得许多网民往往抱着游戏的心态参与网上交往，致使网上诚信危机远远超出了现实社会。与此同时，一些网民在现实生活中经历了一些重大的困难和挫折时，又极有可能采取"宁信机，不信人"的态度，沉迷于"虚拟时空"，不愿意真正地直面现实生活。

（3）现实社交能力与社会关系弱化

网络上的社交毕竟也不能取代现实的社交，而且每个人想要做好事情也必须要依靠在现实中强大的社交能力。一个人可能因为社交恐惧而逐渐沉迷于网络社会交往，而在沉迷于网络社会交往并且获得了自己的尊严和愉悦之后，由于自己缺乏了锻炼，他在现实生活中的社会交往能力就有可能进一步减退。

另外，网络上的过度社会交往还会导致现实中社会联系的弱化。或许你的父母跟你说过这样一句话："在跟我说话的时候，不要看手机！"或者你又再次有过这样的经历，过年过节全家人团聚在电视机前，大家却各自刷着手机的情况。家庭成员团聚原本应该是一家人之间互相沟通和交流的良好时期，但是你却把这个良好的时机给了手机。

（4）网络社交充满欺骗等不良现象

在这个科技飞速发展的网络时代，舆论对网络社交的看法也有所差异。有的观点是认为网络社会交往拉近了社会上的人和人之间的联系和距离，使世界变成了一个完全统一的整体。而另外一方则坚持相信网络社会交往的出现也伴随着各种邪恶力量的涌入。在网络上，很多事情都可以随意捏造，人生经历可以是假的，照片可以是假的，学历可以是假的，甚至性别也可以是假的。所以，网络欺诈事件频发。数据分析表明，QQ 已经成为网络诈骗受害者接触诈骗者或诈骗信息的最主要途径，占总体被举报人数量的 10.69%。其次的就是微信，占总体举报人数量的 10.38%。电话这种相对传统的通信工具，排在第三位，占总体举报人数量的 9.76%。由此我们可以清楚地看到，社交网络平台上的 App，正逐渐取代电话成为电信欺诈者，实施各种网络电信欺诈利用的最多的工具。①

（三）网络社交软件概述

通过移动通信网络设备来实现社会交往目的的软件便是网络社交软件。随着移动互联网快速发展和不断推广，人们各种日常信息交流与生活工作行为方式也随之发生了翻天覆地的变化。全球社会交往软件使用人数最多的主要有 Facebook、WhatsApp Messenger、QQ、微信等。从 1999 年的"滴滴滴"开始，QQ 的前身"OICQ"诞生了。2000 年，QQ 迭代历史上的经典版本 QQ2000 上线，标志性的红围脖，胖嘟嘟的造型一时间伴随着互联网的普及名噪大江南北。随着时代的改变，伴随着移动互联的崛起，人们身边渐渐出现了很多社交软件。2011 年 1 月 21 日，腾讯公司推出了一个为智能终端提供即时通信服务的免费应用程序微信（WeChat）。截至 2016 年第二季度，微信已经覆盖中国 94% 以上的智能手机。2019 年，全国 14 亿人口，微信月活跃就达到了 11.5 亿，是中国用户量最大的软件。微信用户覆盖 200 多个国家，超过 20 种语言。

随着智能手机的普及，社交软件的层出不穷，给人们带来了社会交往的便利性，它们都有共同的特点。基本上都是基于互联网的免费即时通信软件，并可与多种通讯终端相连，除了支持在线聊天、视频通话，还支持

---

① 360 互联网安全中心.2019 年网络诈骗趋势研究报告［R/OL］.360 互联网安全中心网站，2020-01-07.

跨通信运营商、跨操作系统平台通过网络快速发送免费（需消耗少量网络流量）语音短信、视频、图片和文字，点对点文件传输、共享文件等多种功能。随着移动通信技术的进一步发展，网络社会交往已经不再局限于只存在于社会交往应用软件上，如购物电商、直播平台以及健身娱乐等领域也都开始增加社会交往功能。

二、青少年网络社交的现状及问题探讨

近年来，在移动互联网和信息科技的引领和发展推动下，社交网络媒体迅速地普及，深远地影响着人们的工作和社会现实生活，受到了社会各界的广泛认可和高度关注。但很多青少年的思想和精神还很不成熟，同时，对新鲜事物充满了好奇。目前我国青少年网民仍然是一个规模较大的网民群体，并且这个群体的数量也呈稳步增长的态势。依托于互联网科学和信息技术的飞速发展，青少年也自然地成为社交网络的支持者。由于当代青少年的思想还很不成熟，所以社交网络媒体的出现和应用对青少年产生了比较大的影响。对青少年网络社交软件应用的情况和行为进行分析，能够帮助青少年合理、正确地利用社交软件。

（一）青少年网络社交的现状分析

1. 青少年移动终端设备使用情况

（1）利用移动终端设备等电子产品的消费者人群非常多。目前，大部分青少年都拥有自己的电子设备，如智能手机、平板等。移动终端设备在青年人群体中的广泛使用为青少年网络社交应用奠定了重要的物质基础。

（2）青少年网络社交行为。青少年接触比较多的网络社交平台就是论坛、微博、聊天工具等，这些网络社交平台的广泛应用远远超过了其他传统媒体，而在网络社交新媒体中，占比较高的分别是QQ、微信等社交媒体。由此可以看出，网络上的社交媒体已经变成了他们收集信息、进行人际交往、提出个人观点的一种重要途径。在他们的各种社交网络软件中，

既有自己的亲人、同学、朋友，也包括家庭群、班级群。由于青少年过分依赖于网络社交传播媒体，使得网络社交媒体日益成为他们开展各种人际交往的重要途径，除了学校外，他们的大多数人际交往活动只能在网络社交媒体中进行，面对面的互动交流、聚会正在逐步地减少。

青少年的网络社会交流大多数是利用网络社交软件里的 QQ 和微信直接与好友、家庭成员、同学等进行互动交流、事项告知。在微博这一方面，青少年利用这一平台主要是关注自己喜爱的明星及其周边的新闻，了解自己所喜爱的明星最近都会举办什么样的活动，了解身边已经发生了哪些事情，对身边的新闻也会发表自己的观点。在论坛方面，青少年更加地热衷于与自己的兴趣密切相关的问题，在论坛中积极地发表自己对某些重大事件的理解和看法，在论坛中寻找与自己志同道合的朋友。网络社交媒体在青少年群体中的应用十分广泛，他们对网络社交媒体的依赖性也比较强。这就在很大程度上严重地影响了他们的学业成绩，对他们在开展实践生活过程中的人际交往也会产生负面的影响。这在很大程度上影响了他们的学习成绩，对他们开展现实生活中的人际交往产生不利影响。

（二）青少年网络社交的影响因素

1. 外界环境因素

外界环境对青少年网络社交的使用有着引导作用，环境对青少年的学习生活具有引领作用，还能影响青少年的心理变化。在一个充满学习气氛的班级以及生活圈里进行生活的学生，他们对于社交媒体的使用是偏少的，因为这样的现实环境吸引学生进行积极的生活方式，并且这样的环境使学生更加沉溺于学习当中，而并非社交媒体的滥用。

青少年 QQ、微信等社交软件的应用率高与当前的学校、家庭教育有一定的关系。过去老师向我们通知的一些事情主要都是通过打电话、发短信这种方式，就需要一个个地告知，浪费了时间。而现在大多数的教师都要求学生家长自己建立一个班级群和家长群，将学生的作业、重大事项等发布到 QQ 群或微信群中，不仅可以节约时间，而且传达的效果也很好。

2. 经济因素以及家长的教育素质

青少年社交媒体的使用还受到一定的经济因素或家长的家庭教育素养的影响，有些不太富裕的家庭，有些家人的教育素质不高或者是过于重视工作，他们反而忽视了孩子的学习情况，这样的孩子更容易沉浸于虚拟的网络当中。有一些网络社交媒体使用较多的孩子，其家庭条件并不富裕，家长也不太懂得如何教育引导孩子。

3. 青少年个人因素

当代青少年是在互联网的环境下成长起来的，QQ、微信在他们眼里就好像一个电话簿，是必须具有的。部分青少年由于过度喜爱虚拟世界中的环境，或者因为自身的原因，对现实社会产生厌恶，都会使其卷入虚拟网络中来。

（三）青少年网络社交使用中存在的问题

1. 网络安全隐患较多、个人信息泄露严重

由于现在网络管制还不够完善，非法网站以及不安全网站的存在会对没有明辨是非能力的青少年产生重要影响。个人信息的泄露使得青少年在网络中的个人安全得不到应有的保障，他们往往是犯罪分子进行重点诈骗的对象。

2. 不良道德行为凸显、步入网络陷阱

青少年在网络社交媒体的使用过程中也存许多不良的道德行为，比如说网络暴力以及网络不正当的评论。由于青少年没有明辨是非的能力，所以在网络世界中很容易被别人所误导，发表不正当的网络言论，或者做出一些不好的网络行为。我国的网络法治还未到成熟地步，存在很多空白和漏洞，青少年就更有机会在网络世界中寻求自己的满足感，从而对现实社会逐渐地厌倦。

3. 角色失调情况严重、个人价值观扭曲

现在网络社交媒体存在着一部分负面的甚至于反社会道德的内容，很容易对心智成长还不健全的青少年身心产生不良影响。比如说一些漫画网站充斥着一些黄色、暴力等不文明、不健康的内容。如果青少年没有明辨是非的能力，在进行阅读时将会受到影响。青少年的价值观形成将会发生扭曲，甚至会产生不利于个体和社会发展的情况。

4. 网络社交成瘾

网络上的社交软件本身并无对错，其本质仅仅是一个沟通工具而已，主要问题在于我们应该怎样才能使用，恰到好处地使用，会是人类生活的一个调控剂，如果人类过度地依赖、沉浸其中，那它就是对生活的一种腐蚀剂。现实生活中常常存在着许多上网的青少年，沉迷于各种社交媒体和网络而不能够自拔。其实社交网络成瘾给人带来的健康和伤害也是不可低估的。每个人都非常需要这样一个社交互动的网络。任何一个人都是希望他们能把自己最新的资讯信息和事件发布到网上，然后通过微信社交网，跟自己所认识或者不相识的每个人进行互动和分享。因为这样分享得到了一些人的认可和肯定，那么他们的心态就会带来一种满足。越是更多的年轻人积极参与，这样的满足感也就越浓。但是当这种心理上的满足感慢慢地变成了一种习惯时，许多年轻人已经变得更加依赖甚至永远都离不开移动互联网了，因此也就产生了一种新的社交网瘾。

（四）青少年社交媒体使用中存在问题的成因分析

1. 家庭教育的影响

父母是孩子的启蒙老师，家庭是孩子的第一所学校，从教育的角度来看，必须充分认识到家庭教育对孩子成长的重要性。良好向上的家庭氛围可以为孩子的身心健康发展提供非常有利的帮助，家庭教育能够很好地对青少年的智慧、道德和人格进行培养。在家庭生活中情感、道德和行为习惯的训练，可以使孩子在家庭中学习到人际交往中需要的知识和经验。良

好的家庭教育在孩子的成长过程中扮演着重要的角色，在潜移默化中影响着孩子的性格、心理和思考力。

对于青少年来讲，一个良好的家庭教育环境，更加能够促进个人情绪和情感的发展，有利于养成积极向上的人生态度，培养乐观的情绪。而一个消极充满负能量的家庭氛围则反之。同时，家庭教育不仅要发挥培养青少年积极情绪的作用，而且要在青少年情绪管理中发挥有效作用。家庭中的情感教育，如何调节情绪、管理情绪、削弱负面情绪，甚至将其转化为积极情绪，需要以一种微妙的方式进行。因此，青少年科学合理地使用移动社交媒体，需要家庭教育承担青少年情绪发展的主体责任，积极帮助青少年进行情绪管理，促进青少年良好情绪的发展，这不仅有利于他们心理健康的发展，而且避免了青少年过度使用移动社交媒体。

2. 社会环境的影响

在新媒体时代，教育从过去单一的线下教育模式，逐渐改变到以移动互联网为载体的线上教育和线下教育相结合的形式，线上教育的形式满足了年轻人喜欢使用移动互联网的需求。例如，远程视频通信技术可以使年轻人能够在不同的地方接受培训指导。移动信息平台的迅速传播，使年轻人能够在最短的时间内获取相关信息。然而，移动网络信息的复杂性也暴露出许多价值选择的问题，年轻人浅阅读和肤浅的理解也成为移动网络传输的"后遗症"。随着社会的变迁和时代的发展，新媒体时代和"网络社区"的到来，移动社交媒体与生活的日益融合，使人们难以实现孤立和忽视。随着新型网络媒体的发展，基于移动互联网的网络社会交往逐渐成为一种新型的社会交往形式，对青少年产生了持续而深远的影响。移动社交媒体使用问题是随着新型移动媒体的发展而形成的一种社会现象，其形成也受到社会环境的影响。因此，从社会教育的角度出发，预防或矫正青少年使用移动社交媒体的问题，应着眼于社会教育，塑造和培养青少年积极的社会人格、社会情感、社会互动，促进青少年积极社会心理的发展。

3. 青少年个人喜好的影响

在网络社交媒体的选择中，青少年也会根据其喜爱程度进行自我选择。青少年为什么沉迷于社交软件，而不愿意线下交友？极其宽容的可以戴着面具的线上社交，让这些在现实中不敢与人交流的青少年学生迷恋上了线上社交。为什么畏惧线下社交，因为线下的你就是你，不再是网上的"可爱小甜心"，或者"厌世大恶魔"，没有一层网络给予的外衣保护。所有的人都知道你是一个什么样子的人，长相、衣着、谈吐、声音，一切都会暴露在大家的眼睛中。当我们以自己的真实面目去与别人交谈的时候会产生一种谨慎感而放不开，尤其是面对很多陌生人的时候，会更加容易紧张。

畏惧线下社交还有一个是时间耗费问题。其实畏惧的并不是线下社交本身，而是因为现在交朋友需要花费很长的时间、精力去开始以及维护一段友情。而且还不能保证每段友情都是适合的，也可能会出现友情难以维系的情况，而往往像恋爱一样，付出真心的人会受到巨大的伤害。而线上不一样，我们可以与网友随时展开一段愉快的谈话，然后可以随时结束。这样时间一长，人们就会恐惧再花费同样的时间精力开始一段新的友情，恐惧线下社交。再者来说，现实生活中大家越来越觉得投缘的人少了，尤其是在面对陌生人的时候，就像在参加一群自己完全不熟悉的人的聚会时，以笑脸去应酬维持这个社交的过程是很累的，甚至觉得与人交谈不如玩手机有趣。一次两次，内心的厌烦与疲于应酬，就会转变成一种对于线下社交的畏惧。选择虚拟社交，实质上更多是种无奈、被迫的行为。也很容易被网络反噬，在网络上获得了他们想要的快乐。与此同时，也难以脱身于网络，分不清现实和虚拟。

三、青少年正确使用网络社交媒体的对策

（一）强化父母责任

1. 注重青少年良好道德行为的塑造

父母作为抚养孩子的第一任教师，从孩子刚刚出生之时就一直在指导着孩子学会行走、穿衣，对孩子的成长有着极其重要的影响。孩子成长到青少年时期，此时正处于一个到成年演变的过程，心理会出现逐渐敏感逆反的情况，会与成年人父母产生一定的代沟，如若不及时沟通，青少年将会从网络和虚拟社会中寻求属于自己的快乐。由于青少年尚不具备完善的分辨能力，完全凭借自己的喜好沉迷于网络，也是家长不愿意看到的。家长是孩子出生以来的陪伴者，所以说家长是最有效的孩子的道德形象塑造师。父母应该在孩子成长以来不断引导其树立正确的道德观念和正确的价值观，并且教会孩子明辨是非的能力，比如说对于一些社会现象的判断，一些对于网络世界的真假辨别。尤其是在青少年处于敏感的逆反时期，家长更需要多沟通，多理解和陪伴青少年的成长。家长的陪伴、教育会更加有利于青少年良好道德行为的养成，使青少年变得更有价值感，更有对于社会的辨别能力。

2. 以身作则合理运用社交媒体

当然，父母在教育孩子的过程中一定要做到以身作则。孩子尤其是青少年因为其心智发育并不健全，所以很多事情都是在后天的学习当中，通过一次又一次的模仿行为而产生的。如果父母没有做到对自身行为的约束，将虚拟网络媒体滥用和不正当地使用，孩子将会逐渐地模仿甚至引以为豪，觉得这样就是正确的使用途径。家庭教育是对孩子的第一任教育，在青少年成长中发挥着一个不可替代的重要性。在青少年的发展时期会不断地学习和模仿，并且父母怎么做孩子就会慢慢地变得怎么做。所以说，家庭教育是在孩子的价值观和行为形成上对于孩子的道德品质塑造，以及

人生观的形成上起到重要作用的第一步，就是父母以身作则，为青少年做好示范，当好他们的领路人。父母首先必须做到的是，在帮助孩子阅读和学习的时候不要打游戏、看电视，以免影响他们的学习状态。同时，父母也要和孩子约法三章，合理约定孩子玩手机和写作业的时间，做到张弛有度，并奖罚分明。父母自己尽量不要在孩子面前玩手机，这对控制孩子玩手机的时间是有很大的帮助的。

（二）凸显学校教育职能

1. 引导学生积极关注学业

学业是青少年人生发展当中最重要的事情。学校肩负着青少年知识学习、能力养成、道德品质塑造的重要任务。学校可以适当改变教育方法和教学管理模式，以更好地教育吸引青少年的学习欲望。在搞好教学的同时，进行一定的有效的道德教育，使青少年形成正确的价值观、人生观、世界观，这也是青少年避免沉迷于网络社交的重要手段。培养青少年积极主动的学习态度，将青少年的活动目标转移到学业提升和成绩提升上，使青少年可以更好地把握当下的学习生活，更多地关注现实世界。

所谓的积极主动式学习是指在学习活动的过程中，学生在进行各种学习的时候所表现出来的一种自觉性、积极性、独立感，是从事学习和实践活动的一种心理能动状态。那么我们应该怎样做才能够更好地让学生积极主动地去进行学习呢？

首先，让学生积极主动地去参与到学习当中。安排课前预习，有利于充分调动他们的学习主动性。课前的准备和预习，一般都是在上新课前开始进行，也就是说，已经学完了今天的新知识后，我们就要开始预习明天这门课程中我们所要学的内容。有的学生每一单元的学习都提前做了预习，甚至少数学生已经把一册教材都认真阅读过。不少学生对新知识的探索活动产生了极大的兴趣，预习活动使得学生对学习产生了极大的好奇心和浓厚兴趣，有利于充分调动学生学习的主动性。另外，通过教材预习，能够帮助学生更加清楚地理解和掌握这节课的教学内容，了解教材当中的重点、难点到底在哪儿，带着一个个的疑问去上课。在自己看不懂的地方划个记号；尝试做习题，对那些困难或者说都存在困惑的新知识点进行探究和思考。

如果学生在预习之后带着提出的问题积极地投入到新课的学习中去，这样他们在课堂上学习时就更有目的性与针对性。在预习的过程中，学生掌握了一些新的知识，并且拥有了一些小小的成就感，这种小小的成就感促使他们想要向他人展示自己的学习成果。所以，学生也愿意去上课。在教育教学中，当教师向学生提出一个疑惑，他如果回答正确，会很有成就感。在预习过程中尝到了成功的喜悦，会促进他更愉快地去学习。我深深地体会到这样做，真的能够很好地调动学生学习的积极性和自主性。

其次，为了学生的体验成功而创设条件。对我们的学生一定要给予成功的期望，因为老师对于学生的殷切期望就是一种充满情感的感召力和驱动力，能够充分地激起学生潜在的兴趣和力量，启迪积极向上地学习的积极主动性；创设的活动让他们都能够拥有可以获取成功的机会；进行分层式的教学，对不同层次的学生给出不同的教育目标和要求，精心地设计了练习，并合理布置各种分层的作业；展示成功，让不同层次学生的学习成果得到一个展示自己的机会。

最后，培养良好的师生情感，促进学生学习的主动性。良好的师生情感交流是激发学生学习积极性的主要因素。我们可以试想一下，一个学生不是很喜欢的老师，学生能真正地喜欢上他的一节课吗，更别说主动去努力学习了。只有让学生真正地喜欢自己，学生才能够由单纯地喜欢某个老师上课，而逐渐转变成真正喜欢这门学科。要营造良好的校园师生之间的友谊和情感，需要全体教师努力拉近自己与学生之间的心理距离，尊重、理解、宽容地对待每一个学生。教师首先要充分理解、尊重每一名学生，关心每一名学生。在发现学生的错误时，不过分地提出批评或者指责，而是充分地提供给他们及时纠正改过的时间和机会，使学生深深感到"老师在期待着我"，从而他们能够自觉地、全身心地投入到积极的课堂学习之中。

2. 健全青少年社交媒体素养的培养

在新媒体时代，学校教育还应该包括青少年学生的媒介素养教育，良好的媒介素养将引导青少年正确选择网络社交。因此，在移动互联网时代，进行媒介素养教育是各级各类学校教育的一个新任务。良好的传播媒体素养教育能够使青少年更好地辨认和选择传播媒体信息，让他们能够树立正确的人生观与世界观。从社交网络媒体素养教育的角度分析来看，青少年在社交网络媒体使用过程出现的各种问题，也是各级各类学校缺乏媒介素养教育的负面结果。通过媒介素养教育，让青少年了解移动社交媒体的使用和他们自己的学习生活之间的关系，并培养积极使用移动网络的良好态度。学校可以适当地增加中学生信息技术课程中关于移动互联网使用的相关内容，引导学生形成正确使用虚拟社交网络的观念。

青少年媒介素养教育应该从小学开始，但容易被家长和学校忽视，当青少年开始独立进行网络活动时，便暴露出了诸多问题。因此，提升青少年的媒介素养水平，应该制订科学的计划。一是要从低年级开始培养，让学生了解网络媒体的具体功能，尤其是学习、资料查询、互动交流等方面，并合理安排娱乐游戏的时间；二是引导青少年参与网络信息传播，通过学生记者团活动、参与新媒体内容创作和媒体实习等方式，全方位了解传统媒体和新媒体的特点；三是要避免有害信息对青少年的不良影响，对一些暴力信息、虚假新闻、不当言论的传播要严格管理，避免对青少年产生恶意引导。①

① 于丽. 传媒公共领域青少年媒介素养研究［J］. 中国报业，2021（5）：56-57.

（三）青少年自身的努力

1. 树立远大志向、努力学习

青少年的自控能力在很大程度上影响着青少年的行为选择。自我监护能力弱的青少年更有可能出现心理或精神上的情绪等问题，如冲动、易怒。在外部不稳定因素的作用下，他们更有可能失去自我约束的能力和行为，比如喝酒、吸烟和逃学等。所以青少年需要进一步提升他们自我调节的能力，将远大理想和现实社会相结合，并且多关注现实社会生活，将现实社会中的沟通交流作为自己不可或缺的生活内容。通过远大理想的树立，让自己朝着远大理想的方向进一步奋斗。远大理想的树立对于青少年有着重要的意义，不仅对其人格的塑造，也对其心理的塑造都有重大的意义。

那么，21 世纪的青少年如何树立自己的远大理想呢？首先，要把自己的长远奋斗目标和现实生活紧密联系在一起，立志从现在的事情开始做起。鲁迅先生就曾这样说过："失掉了现在，也就没有了未来。"中国著名的老一辈无产阶级革命家谢觉哉也曾这样说过："最好不是在夕阳西下的时候努力去幻想什么，而是在看到旭日初升的时候即投入工作。"有的青少年谈到自己的理想，不胜激动，甚至认为那是明天的事，始终还是没有采取措施和行动。殊不知，明天虽好，它仅仅被人视为一种美好的开端和希望，而今天才是我们共同努力实现自己理想的美好开端。

其次，要把伟大奋斗目标同平凡小事紧密地联系到一起。我们首先应该明确地去认识和看到，所有大事都是由无数小事组成的。因此，若要真正努力实现自己人生的一个远大理想，一定要从身边平凡的小事做起。俗话说，"千里之行，始于足下"，有的人总是在苦苦摸索"一步登天""一鸣惊人"，而又不愿扎扎实实地从平凡小事做起，这是不对的。小事虽小，但它是一件大事完成之源。列宁指出："要成就一件大事业，必须从小事做起。"我们若想要真正实现自己的一个远大理想，就要从平凡小事身上开始。

再次，要真正努力实现自己追求人生的远大理想，必须充分发扬艰苦奋斗的奉献精神。俄国著名寓言故事家克雷洛夫先生曾经有过一个精彩的比喻，他这样说："现实是此岸，理想就是彼岸，中间隔着湍急的河流，行动就是架在河上的桥梁。"我们若真是想要成功实现自己的人生理想，就必须不断付出努力和辛勤。翻开成功人士的真实生活和经历，哪一页没有记载着艰苦的字眼；回顾成功人士所曾经走过的人生之路，哪一步没有留下辛勤的汗水。

2. 建立正确的社交媒体认知力

事实上，不是你在家里玩智能手机，而是手机在不断压榨你。在这个信息碎片化和网络信息严重过剩的时代，青年人到底应该怎样才能避免沉迷于智能手机，有时间多与身边的老师、同学、朋友进行互动沟通，扩大自己真实的朋友圈？

首先，青年人需要从自我认知上能够清醒地看到，各种新型社交网络软件产品设计出来，就是为了让他们能够更好地吸引和黏住更多的青年用户，让用户对之上瘾。每个火爆的社交软件，都是无数社交互联网络的专家学者及研究小组，对其进行研发和精心策划的巨大诱惑。

正如一部名为《智能手机：阴暗面》的科技电视纪录片中所详细地揭露的，科技创业公司为了能够成功地做到让未来更多的智能手机用户，对自己的智能手机游戏玩得上瘾，会采取各种手段：充分运用一些与人类沟通和自我认同上的需要，利用一些现象注意捕获现象，利用人类视觉上的线索误导，利用互联网大数据为手机用户量身定制个性化产品和服务，利用不可预期的奖励，利用多种感官、多重刺激等。在这些诱惑面前，人们很容易就会陷入手机屏幕社交。当你沉迷于各种网络社交而无法自拔时，请大声地告诉自己：这些新的魅力和诱惑都是让你逐渐地沉迷上瘾的"圈套"。

其次，对待一个社交网络软件，我们必须要始终保持积极向上的态度。青少年一定要学会用社交软件来做自己想做的且对的事情，不能用它做一些违法乱纪的事情。这些线上网络沟通软件，对于我们来说就是彻底打破了传统的线下沟通社交的尴尬局面，转变成为线上网络沟通社交的一种方式，让我们可以在网上认识到更多的亲戚好友。网络的社交圈子很多都是来自全球的，我们在网络上交友使用这些社交软件时，一定要正确选择和运用。在网络上交朋友首先一定要做好学习和判断，千万不能随意听信他人的意见。谨慎地进行交友，这一直以来被认为是大家所推崇和广泛提倡的。未来的互联网社交软件将会变得越来越多，功能也将会变得越来越丰富，不仅可以用来交朋友，甚至还可以被广泛地用来分享很多好东西，这些都是有可能。不论怎样，我们都必须紧紧围绕着这种正能量的事情来做，把自己变得真实，不要再轻信别人，以防自己上当受骗。在互联网时代，对于我们来说，隐私很重要，不应该轻易向别人透露自己的任何相关资料。

最后，沉迷于移动设备的青少年需要在行为上进一步做出积极的改变。尝试关闭一些无关紧要的手机软件来推送您的信息，因为这种精确地推送您信息的机制，会短暂地、迅速地捕捉到你的注意力。线下互动交流时，将自己的手机放到袋中而不是直接拿到手里，体验面对面的感受和互动交流给我们带来的快乐，感受一下是不是比虚拟生活中的随手点赞更真实。尝试一下吃饭的时候，餐桌上没有手机，餐桌上的手机，会让你很快地忘记饭菜中的美味，更有可能会导致你轻易地忽略对面坐的那个人。尝试不带手机上床。智能手机成了许多青年人患失眠症的原因。总是拥抱着智能手机躺在床上，就等于告知大脑"床不是睡觉的地方"，失眠自然也就难以避免。当注意力急切地需要集中精神时，启动智能手机的免打扰功能，全心全意完成当前的任务。

无论我们在这个虚拟世界里的生活有多么丰富多彩，我们最终还是必须回归到现实的线下生活。青年人首先应该学会建立更加有意义的社会关系，交得到更加亲密的好朋友，尽量提高人际交往的质量、而非次数。使我们多一些触动精神的交流，少一些泛泛的"点赞之交"；放下智能手机，走出虚拟的互联网，拥有真实的家庭和生活；倾听自己和身边亲人的声音与话语，感受大自然的美好，与身边的每一个人都建立起亲密的联系，把一切时间都交给了自己。①

第二节　从 QQ 看大学生的情感需求和情感教育

一、大学生的 QQ 情结与情感需求

（一）大学生的 QQ 情结

随着网络社会的发展，上网日益成为一种时尚，年轻而又富有活力的大学生自然是上网一族的主体。据中国互联网络信息中心（CNNIC）2022年2月发布的调查数据，我国网民规模 10.32 亿，手机网民规模达 10.29亿，网民使用手机上网的比例为 99.7%，青年大学生几乎人人都拥有自己的上网设备。② 随着高校校园网络的广泛建设以及校园内外 Internet 网的开通，大学生上网的人数越来越多。大学生上网除了查资料、寻找工作、到各大 BBS 灌水、交朋友，然后就是上网聊天，而且聊天占了他们上网时间的绝大部分。网络聊天成为大学生情感交流的新方式。在网络社会，人类的情感交流方式发生了巨大的变化，人与人之间的情感交流变得普遍而方便。网络聊天便是人们互相交流的方式之一。在众多的网络聊天工具当中，我国网民大多使用 OICQ（"腾讯 QQ"软件的原名）。在著者的一次调

---

① 王兴超. 试试放下手机，拥抱真实生活［N］. 光明日报，2020-08-30.
② 中国互联网络信息中心. 第 49 次中国互联网络发展状况统计报告［R/OL］. 中国互联网络信息中心网站，2022-02-25. http：//www. cnnic. cn/hlwfzyj/hlwxzbg/hlwtjbg/202202/t20220225_ 71727. htm

查中发现，有72%的大学生经常上网聊天，而使用 OICQ 作为聊天工具的大学生占 89.5%。QQ 是一种直观、经济而又有效的交流方式。作为一种即时通信工具，QQ 支持显示朋友在线、寻呼、聊天、即时传送文字、语音和文件等功能。

著者在国内某高校进行了一次关于大学生上网情况的调查，发现学生上 QQ 大多是为了通过聊天散散心，与朋友交流。他们聊天的内容大多为情感、学习以及生活琐事。在自律性方面，有 9.7% 的学生经常无法控制自己要去上 QQ，46.3% 的学生偶尔无法控制自己要去上 QQ。而在网络聊天的道德水平上，有 3.9% 的学生用 QQ 聊天时经常用脏话骂人，42.8% 的学生偶尔用脏话骂人。在诚信上，有 59.1% 的学生认为上网聊天使用假个人资料是自我保护行为，19.5% 的学生经常不用真实的个人资料结识网友，47.1% 的学生有时不用真实的个人资料结识网友，52.5% 的学生认为聊天说假话是可以谅解的。看来大部分的学生认为网络聊天是可以说假话的，没必要那么认真。

从以上调查数据我们发现，大学生 QQ 聊天的主要特点有：第一，防卫心理，这是一种在上网的过程中为了避免自己受到伤害而采取的自我保护，包括使用假的个人资料、撒谎、个人角色重构等；第二，盲从心理，指许多大学生都是在同学的推荐下或看到别的同学忙于 QQ 而迷上了它，自己没有一定的鉴别能力；第三，发泄心理，即有的同学聊天可能是生活、学习中遇到什么烦恼，到了网上就想宣泄，包括说脏话、骂人等；第四，游戏心理，这可能是一种随意洒脱的上网心态，比如调侃、侃大山、吹牛皮、说大话等；第五，网恋，大学生网恋不仅具有比例高、公开化的特征，而且轻率、速成的程度令人瞠目结舌。

（二）大学生的情感需求与网络聊天

需要是动机产生的基础，动机是唤起、推动与维持行为去达到一定目的的内部动力。需要不能获得满足或受到挫折，便会引起精神紧张甚至疾病。情感是人对客观事物是否符合其需要所产生的态度体验，指与人的社会性需要相联系的一种复杂而稳定的态度体验包括道德感、理智感和美感。据研究，大学生总体百分位排名前 5 位情感需要依次为异性、成就、表现、求助及亲和需要。① 这五个方面可以概括为与异性之间的友情和爱情、自我实现、获得社会赞许和认可、尊重他人以及获得他人的尊重。从大学生 QQ 聊天的特点，可以看出大学生情感需求的特点表现为：

第一，大学生心理成熟与生理成熟的不平衡发展，导致大学生情感需求的提高和情感承受能力的降低。大学生的精神世界是处在一种迅速发展、趋向成熟和稳定而又尚未达到真正成熟和稳定的过渡时期。由于物质生活水平的提高、社会文化环境的改变，导致了大学生心理成熟与生理成熟的不平衡发展。这种不平衡发展的表现呈现两极状态：承受心理降低、需求心理提高。② 这也使大学生情感需求不断提高和情感承受能力不断降低。具体表现为心理承受挫折如批评、失败的能力下降，交往过程中表现出强烈的防卫心理；而对赞美、表扬等社会认同需求的提高。

第二，大学生情感能力的缺乏。我们可以简单地把情感能力看成为表达自己情绪情感的能力、获得友情爱情的能力、自我觉察管理情绪能力、自我激励和冲动控制能力以及人际交往技巧，也就是通常所说的情商（EQ）。如今，大学生面临的压力是前所未有的，学生在遭遇精神苦闷、挫折失败时，很难找到倾诉的对象，绝大多数人更是羞于讲述自己的精神障碍。他们渴望与同学、朋友、老师有亲密的心贴心的交往，但正要付出行动的时候却又茫然不知所措，而且他们的自理自律能力较弱、情绪比较容易冲动，遇到问题时很难控制自己。所有这些都反映了一个事实：大学生的情感能力需要提高和加强。

---

① 叶明志，王玲. 大学生心理需求及影响因素分析 [J]. 中国行为医学科学，2003
（2）：216.

② 马和民，吴瑞君. 网络社会与学校教育 [M]. 上海：上海教育出版社，2002：43.

第三，大学生情感交流方式的隐性化。随着社会的发展，学习压力、生活压力给同学们的精神世界带来了巨大的冲击。大学生正处于青春期，面临着人生第二次"断乳"，加之学习生活带来的重负，心理上有种种不适需要释放。他们渴望相互的交流，渴望友情、爱情。而同学之间竞争激烈，很难成为推心置腹的朋友，袒露内心世界轻则成为笑料，重则成为日后被攻击的把柄。他们的情感世界日渐疏远，也越来越陷入孤寂，有时候，想找个人聊聊天、谈谈心都很困难。因此，他们会寻找一种新的方式来交流自己的情感，以达到自己的心理平衡。

在网上聊天的人可以毫不顾忌地将"本我表露出来"，网络聊天其实就是向陌生人展示"本我"，将最原本的没有带任何面具的"我"展示出来，以达到疏解、宣泄压力的目的。网络聊天的平等性和自由性，可以使学生们在没有任何心理压力的情况下进行的自由平等的交流，网上互不相识，不必担心直抒胸臆会给自己带来什么不良后果，也不必担心自己的问题会被人耻笑，也可以摆脱在领导、专家、学者面前的紧张与不安。网络聊天的匿名性、虚拟性，可以满足大学生多重人格的需要，在登记资料的时候你可以换一个全新的角色，重构你的人格，感受不同面目下的滋味。

为什么当网络这种新的情感交流方式出现在大学生面前的时候，大学生们除了表现出极大的热情之外，他们所出现的一系列的不理智行为不得不让人深思：大学生如此痴迷于网络情感交流，除了与学习、生活、工作的压力和网络聊天的特点有关外，难道不预示着他们在现实生活中情感需求的不满足和情感能力的缺乏吗？

二、大学生的情感能力缺乏原因分析

（一）我国中小学、家庭情感教育的不足，是导致了大学生情感能力缺乏的根源

以应试教育为核心的传统教育，片面追求分数的高低，重智力因素轻

非智力因素，重认识过程而轻情感过程，使学生的全面发展受到影响。近年来，我国青少年犯罪呈现直线上升的趋势。这与青少年不懂得如何控制自己的感情，不知道如何解决人与人之间的分歧，不会同他人和睦相处有关。我国传统教育只注重提高学生的学科成绩，不注意情感教育，误以为学生能从家庭生活中获得这种教育或者根本没有想到学生还有情感方面教育的需要。现在的家庭中孩子少，物质生活条件好，独生子女成为全家关注的重心，再加上对孩子的溺爱，很容易形成孩子在情感上只知获取，不知给予，心中无他人，事事以自我为中心的缺点。如果孩子从小对人对事淡漠无情，长大后就不可能与人共事，也不可能对家庭、对事业、对国家有责任感。当前学校和家庭教育中存在一个不容忽视的倾向，就是过度竞争和过度物质化，这导致了部分青少年情感的荒漠化。所谓情感荒漠化是指一个人的注意力只集中在知识或技术等某一个狭窄的领域，而忽略了丰富的情感世界，主要表现为情感冷漠、对人缺乏同情关怀之心、为实现个人目标很少考虑后果。

良好的情感是良好性格的基础，苏联著名教育家苏霍姆林斯基说过："善良的情感是良好行为的肥沃土壤。善良的情感是在童年时期形成的，如果童年蹉跎，失去的将永远无法弥补。"因此，父母亲、教师必须重视从小对孩子进行良好的情感教育，培养和提高他们的情感能力。

（二）大学生情感能力的不足是高校重"认知教育"轻"情感教育"的反映

情感教育是教育过程的重要组成部分，它关注教育过程中学生的态度、情绪、情感以及信念，促进学生的个性发展和身心健康。所以，情感教育就是促进学生身心感到愉悦的教育。现在的高校教育，"认知教育"被放在了头等重要的地位，而关系到青年一代能否成为和谐发展的人的"情感教育"却常常受到忽视。许多人片面地认为，学生在接受知识的同时，在思想道德、认识情操方面也就受到了教育，接受知识的过程就是道德情感发展的过程。显然，情感教育与认知教育相比，做起来要困难得多。在一定程度上来看，情感教育是一种"只可意会，不能言传"的难以具体衡量的东西。它很难用一定的评估标准去测试，而且也无法在一个相对较短的教学时间内取得很明显的成效。然而，很多的事实证明，通过专业认知教育，可以培养和造就许多有用的机器，但是不能使学生成为一个和谐发展的人。

大学生正处于情感发展的关键时期。他们情感丰富，情绪体验深刻、细腻。同时，他们的情绪有时还不够稳定，容易激动、急躁，生活中感情用事的现象很多，另外，他们的情感还具有很大的封闭性和隐蔽性，常常将激烈的情感压抑在心里，从而导致心理上的不健康甚至出现心理疾病。大学校园里虽然经常开展两课教育，但对精神健康的关注却是非常缺乏的，学生在遭遇精神苦闷时，很难找到倾诉的对象，绝大多数人更是羞于讲述自己的精神障碍。在高校里，有的学生说老师"夹着教案上课，下了课后走人"，平时找老师太难了。有许多大学生希望跟老师有一些单独的交谈，希望和老师谈自己的人生、自己的感情以及自己的学术观点。从这里也可以看出大学生还是非常希望和老师交往的。入大学以前，许多学生尤其是来自农村和性格内向的学生认为高校教师是神圣的、严肃的、不可接近的学术研究者。因此，在心理上不少学生对大学教师有一种惧怕感和陌生感，不敢和老师说话，即使是有机会也表现为紧张和不自然。虽然他们的内心非常渴望这种机会，非常希望在学者面前表现自己。在缺乏心理资助的情形下，一些心理障碍严重的人势必无法控制自己的行为，难以正确估计自己的行为后果，从而对社会秩序和公众安全形成危害。社会发展的程度越高，人们承受的压力越大，出现的心理问题也越多。目前，心理不健康所引起和产生的问题已危及人才素质。

三、大学生情感教育的途径

情感教育要求教师在教育教学工作中有意识地以积极的情感去教育学

生、激励学生，让学生从中得出积极的、肯定的反应，从而达到教育目的。加强对大学生情感的培养与引导，就是让他们形成良好的情感品质，成为一个具有健全人格、思想成熟、行为稳定的人。因此，倡导高校师生关系的回归，形成一种情感开放型师生关系，努力创造师生情感交流的教育环境，为师生情感交流提供好的平台。

第一，加强班主任、辅导员工作的实效性，搞好班集体建设。

大学教育中的学生工作，是大学教育工作系统中的一个重要组成部分。我国各级各类大学为适应学生工作的需要，都配备了相应的基层班级的管理干部，即班主任和辅导员。加强高校班主任工作的力度，要求班主任对本班学生的情况做深入的了解，同时把班主任工作的成绩列入教师考核的范围。目前高校中班主任的角色非常空泛，缺乏工作的实效性和细致性。这与教师的业务水平和他们发表的论文状况、授课情况等因素挂钩，而与他们班主任做得是否称职并不挂钩有关。因此，许多班主任将这一工作视为累赘，平常不怎么和学生沟通，对学生的情况不清楚，更谈不上对个别学生的引导和情感交流了。

重视人的全面发展，重视学生完整人格培养、个性充分发展，是21世纪教育的重要内容。班级是学生全面发展、健康成长的最重要的社会环境。每一个人都有积极发展的需要。由于个人的天赋特点、后天环境的影响，每一个人的积极发展的需要又具有各自不同的特点。每一个人的积极发展，应当是符合各个人不同需要特点的发展。班主任对于受教育者的发展特点与发展需要应当有意识地做更多的了解。班主任不仅要关注人的一般的发展需要，而且要关注每一个人的发展特点，根据每一个人发展需要来给予受教育者以有效的帮助。罗森塔尔效应表明，只要是常人，如果受到教师的关心、帮助、热爱，那么他就会有所发展。教师的期待和热爱而产生的影响具有激励作用，使学生更加自尊、自爱、自信、自强，形成健康健全的人格，提高他们的情感能力。

第二，实行导师制。

班主任是加强学生思想政治教育和学生管理工作的重要力量，但因受工作性质和特点的约束，难以对学生的专业学习给予全面的指导。有条件的学校可以实行导师制，把对学生的专业教育和思想教育结合起来，弥补班主任工作的不足，提高教育的针对性。导师工作能很好地把课堂教学与课外指导结合起来，把共性教育与个性教育结合起来。帮助学生树立正确的世界观、人生观和价值观，经常与学生交流谈心，及时帮助学生解决思想上的困惑并排除心理障碍。从思想上、学习上、生活上全面关心学生。在导师的指导下，学生根据自身的兴趣和特点构筑起具有较强个性的知识结构。学生从导师那里不仅可以获得知识、学习的方法，更重要的是，学生可以通过如此近距离地与导师交流，受到导师崇高人格的熏陶。这不仅有助于学生自信心和学习能力的提高，更有助于学生人格全面和谐的发展。

第三，有针对性地对大学生进行情感教育。

情感教育不仅仅是以情感来促进教育，更强调要教育情感本身，其目的是提高学生的情感智力，即一般的情商。学校应该采取各种措施教会大学生对情感的自我调节，正确处理各种关系，克服冲动性和盲目性，使情绪经常处于理智意识控制之下。要善于引导大学生学点心理学知识，积极开展心理咨询活动。积极组织青年学生参加丰富多彩的活动，克服自卑感，增强自信心。情感教育要抓住大学生情绪稳定和波动并存、表现欲强和含蓄内隐并存等情感特征，注意培养与发展他们高尚的精神需要，培养他们积极健康的情感，帮助他们克服各种消极的情感。如开展心理影片展、心理健康书籍展、网上心理知识竞赛等丰富多彩的情感教育，指导大学生自觉调节自己的情绪，养成积极愉快的心境，帮助大学生适当控制不适宜的情感以及对情绪的合理宣泄。

第三节　青少年与微信

梁实秋说：你走，我不送你。你来，无论多大风、多大雨，我要去接你。没有别离的忧伤，只有相聚的欢喜。曾经，可以不远千里去另一座城看望一个挚友。如今，在这个以智能手机为基础的社交网络发展迅猛的时代，我们可以通过社交软件给别人发消息、发语音、视频聊天，人与人之间的距离从线下到线上变得越来越近了。现在，国内哪个社交软件最火呢，那一定是微信了。

一、微信概述

微信是 2011 年腾讯公司推出的，为移动智能终端设备提供即时通信服务的免费应用程序。自从微信推出至今，凭借着跨平台及跨运营商的灵活性、便捷性及免费的信息发送等各类极具特色的社交功能，如"摇一摇""朋友圈""订阅号"等，迅速受到人们的追捧。伴随着其功能的日渐完善（如支付功能、生活缴费、旅游服务等），微信也逐渐成为兼具各类功能的新媒体的典型代表。2020 年 3 月，微信及 WeChat（微信海外版）的合并月活跃账户数 11.65 亿，微信通过小程序进一步融入日常生活服务，尤其是在日用品购买及民生服务方面。这令小程序用户迅速增长，日活跃账户数超过 4 亿。其发展过程之快，波及范围之广都对如今新媒体时代下信息传播产生了重要的影响。

（一）微信的特点

1. 跨运营商、跨平台，通讯成本低

随着微信在当今世界，乃至全球人民日常生活中的普遍使用，其所特有的功能已经代替了运营商提供的短信、语音等服务，它已经能够实现传送文字信息、声音信息、图像信息、视频信息，从而为人们的交流方式提供了更加丰富的形式。每个人的手机上都要安装多个网络社交软件，微信成了智能手机用户必下的一款应用软件。与 QQ 相比较，微信的用户群更加广泛，界面更简洁，操作起来也更简单。只要能连上网，用微信语音打电话，聊再久也没事，不用再掏电话费了。现在，手机连上网，打开微信就能解决诸多沟通问题，不再需要像过去那样发信息、打电话。随着现代移动通信技术的进步，微信介入的社会领域越来越宽，已经开始向政治、经济、文化等不同方面进行扩展。①

微信的这些软件主要可以广泛应用在安卓系统、鸿蒙系统、苹果系统和 windows 系统中，都不会受任何一个电信业务和运营商的约束。通过使用手机微信向您的移动设备或者网络上的手机用户，发送和传递各类视频数据只要很小的流量，1M 流量就已经能够发送多达上千条文字信息或上千秒语音信息，特别是在 wifi 全方位覆盖的环境下，使用手机微信不需要花费额外的费用。微信相比较其他电信运营商而言，能够为广大的用户和消费者节省通信资金。因此，受到了广大人民的喜爱和青睐，特别是那些在生活中没有什么实际经济收入的优秀青少年，微信已经逐渐形成了他们的首选。

微信的兴起和迅速发展，不仅因为它已经完全具有了其他大多数软件都没有的普遍性和个性化功能，而且它还进一步地理顺了众多个性化功能之间的相互联系和构造，梳理出了人际关系基本框架，成功体现了自己的个性化功能优势和超前的社会交流理念。特别重要的一点就是可以实现软件中各种功能用户接口设计，包括使用者对于软件的感知和体验，都在极大程度上满足了广大用户对精神需要和情感方面的需求。

2. 交流更形象、更真实

传统的手机短信不仅是收费的，而且其互动和沟通的方式也很冰冷。

---

① 张长乐. 微信社区化网络人机传播的建构［D］. 合肥：安徽大学，2013（6）：5.

微信不但支持文字和语言的发送，又采用了一种全新的语音对讲模式，实时语音对讲这种创新模式，彻底改变了传统的文字之间缺乏情感的互动和语言交流，实现了一种图、文、声的完美融合，使得信息传播发送的形式变得更加多样化、更新颖。微信于 2014 年 10 月推出了一款基于互联网的小视频服务，这款互联网小视频服务使用户可以直接通过手机聊天框和微信朋友圈两种传播方式，在网上进行视频传播和发送，与身边的亲戚朋友随时随地共同分享眼前的美好生活世界。这种沟通的方式更加富有生命力和情趣，恰好适应了当下青少年"有图有真相"的心理要求，更加能够充分表达他们内心中的丰富感受，同时也有利于拓展他们之间的人际交往。

3. 消息交流即时、便捷

微信平台的特点是可以有效利用一对一、群聊、微信朋友圈、公众号消息的推送等技术，让一秒钟内就可以使得这些消息迅速传遍每一位网站和用户，不管这些小故事、社交网络上的热点话题、纯粹具有搞笑性的短视频段子或者还有一些教师在自己的微信群里分享的知识和学术文章，都可以轻松做到一瞬间、即刻地传递到诸多用户；而且微信的用户可以在自己的朋友圈中随时以不同视角进行即时分享、点赞和转发，还可以实现对信息的迅速传递。微信的便捷性也就在一定程度上使得微信用户之间变得更注重人际情感沟通。

4. 信息交流更自由

微信具有"去中心化"的特点。在微信这一新媒体中，任何一个人和其他社交群体都可以成为互联网信息的生产者，每一个人都是消息源，这就使得微信具有了自媒体的特征。任何一个微信用户，都能够通过智慧手机或电脑，随时随地分享和发布他们的知识与观点，也能够在网上浏览、获取到更多的资讯与信息。人们拥有更多的话语表述空间，每个人都意味着他们是"中心"，也就使得微信具有"去中心化"的特点。

5. 功能丰富强大，满足不同消费者的需求

微信的快速发展得益于它基本功能的齐全，给人们带来了全新的体验。青少年处于喜欢探索新鲜事物，追求感官刺激的成长时期，微信的这些功能都迎合了他们好奇的心理，受到了他们的青睐。微信功能主要有沟通交流，如添加好友、聊天（一对一聊天、群聊）、摇一摇、查看附近的人、群发助手等；消费支付及经济往来，如微信支付、红包、转账；游戏、娱乐、休闲、阅读等。微信的这些功能满足了不同层次消费者的需求，使微信的实用性更强，用户体验更加完美。

微信的生活服务功能主要体现在微信主导人们生活消费新方式之中。微信通过微信钱包，为人们生活中的购物、娱乐、出行、公益、生活缴费等方方面面提供服务，为人们的生活提供了更多的便利。人们能够通过微信钱包进行转账、付款、充值、缴费等各类生活服务，与此同时，微信与腾讯公益绑定也能够使人们用另一种方式进行公益活动。用户通过微信钱包预定火车票、飞机票及滴滴打车，为人们的出行提供方便。

微信的功能及人性化设置大抵如上所述，这比较契合大部分中国人的性格特点。我们中国人大部分性格比较内敛、含蓄，很多情感难以当面表达，而微信创造了一定的时空距离感，其表达方式多样化，可以通过录音、文字和照片沟通，因此，更受国人的欢迎。社会交往是人类最基本的心理需要之一，人类可以从健康的社交关系中获得信息、知识，更为重要的是，可以获得归属感和亲密感，从而让人感觉到更幸福。从这个意义上说，由于微信使得人们能跨越时空进行全方位、多平台的沟通，提供了目前看来最大可能的便捷性。这或许是微信受到如此追捧的重要原因。

（二）微信在网络交往方面的优势

微信作为一款逐渐代替手机短信，并突破短信的文字信息而创新语音信息传递的即时通信软件，最重要的一个功能就是微信用户的社交功能。

1. 语音、图片、小视频等形象生动的信息，拉近了人与人的距离

微信平台有很多的在线互动交流功能，不仅适合年轻人，也适合中、老年人群。微信的这种语音功能，为那些不会打字的人、不喜欢打字的人们带来了巨大的幸运感。微信用户还同样可以在自己拥有一个网络的条件下，随时随地的拍摄一段视频或者把自己所收集得到的视频，发布出去给微信的亲密好友、微信群或者是把视频分享给微信朋友圈内，供大家一起欣赏。

微信的信息内容较之于其他传统运营商的短信方式更加丰富，突破了以前传统的文字信息，延伸扩展至语音、文字、图片、视频等各种形式的新信息，给现代人们的网络社交生活带来了许多的生动性，也使得微信的社交方式变得更加具有形象性。低廉的成本以及操作的便捷性，可以让我们在生活中随时都能够与朋友，在网上分享我们各个时候的生活心态。一段带有语音视频的信息，让对方听听自己的声音，感受到各自心情的改变；一张美丽的照片，铭记着你每一时刻的微笑和悲伤。

2. 了解朋友的新动态

现在我们每个人的日常生活和时间都是相对有一些宅的状况，要么是宅在家里、要么是宅在工作地方，再或者宅在自己的世界之内。若是你真的想要结交一个同行业、同一个领域、同兴趣和爱好的朋友，可以通过网络查询找到一些相关微信资讯和文章，从中了解最新的动态，或者通过网络平台分享一下自己的资讯和信息给社会大众，也可以了解朋友们的最新动态。

提到微信，当然少不了圈子里争奇斗艳的"晒图大赛"了。对于各种晒美食、晒风景、晒自拍、晒萌娃、晒心情的朋友圈动态，我们早已习以为常、见怪不怪了。这种靠发朋友圈动态来记录自己日常生活点滴的行为，已经被越来越多的人所接受。这种通过发朋友圈来记录自己日常生活的方式，其实也是互联网时代下信息分享的一种方式。

3. 跨平台、多方式的信息交流

微信打破了传统移动通信运营商和其他操作平台的壁垒，用手机进行远距离的沟通，需要付出相对较高的费用。就单单地拿发送短信来说，10元仅能够被用来直接发送 100 条手机短信，而同样的价格如果是直接用来购买流量用于发送微信的信息，则是能够用来发送上千条不同形式的信息。而微信用户主要是来自通讯录、QQ 好友和基于地理位置认识的其他陌生人。也就是说，只要打开微信这一款移动应用程序，就能够同时向移动通讯录的朋友、QQ 好友或者是其他的陌生人发送信息，不需要使用不同工具进行信息分类转播。微信的传播方式实际上是一种新型的跨越了操作平台的信息交流，它能够使我们和身边的亲戚朋友之间的信息沟通交流变得更加便利、快捷和私密，同时又充满了对生活的喜悦。微信是跨平台操作的软件，你在进行群聊的时候，甚至还能够把你的通讯录、QQ 好友和微博的朋友都集聚在一起，更多的你的熟人从陌生人变成朋友，以你为中心的交际圈就像是"六度空间"理论说的那样扩散链接，在这个庞大的交互的圈子里，可以找到更多与自己有关系的人群。①

微信里朋友间的信息沟通方式主要有很多种，如点对点的信息沟通、点对面的信息沟通、点对网络系统的信息发布等。所以人们可以通过微信即时地向好友们传递信息，加快了信息传递的即时性。邀请更多的同学和朋友共同聊天，感受到大家都能够安静地坐在一起进行讨论和交流聊天的愉悦气氛；我们一定要好好地组建一个自己的朋友圈，一起去分享最近发生在身边的各种新闻和趣味性的事情。

二、青少年微信使用现状②

微信作为一种日常生活的表达形式，以极其鲜明的社交网络特点正在

---

① 刘洪梅. 微信：沟通改变生活 [J]. 青年记者，2013（8）：32-33.
② 殷笑凡. 新媒体时代我国青少年群体微信传播行为研究 [D]. 西安：陕西师范大学，2016.

迅速地改变着现代人们的日常生活，尤其是那些乐意接受新鲜事物的年轻人。微信是一款新兴的即时移动通信网络应用程序，因其快速传播、即时信息分享等特点，深受思想积极、容易接收到新生事物的青少年喜爱。微信能够充分地满足当代广大青少年的多元化成长需要，给当代青少年的各种日常生活和学习行为，注入了一股无限的勃勃生机。但微信同样也造成了青少年价值观的迷失，不利于促进广大青少年的身心健康成长与全面发展。①

（一）微信已经成为青少年群体重要的社交工具

青少年群体是我国移动互联网用户的主力军，自然青少年群体也是微信用户的主要群体。微信作为一款网络交流软件，青少年群体使用微信所进行的活动主要是社会交往、生活娱乐服务以及其他三方平台的链接服务，如网上支付、生活缴费等。

微信的广泛应用对青少年社交的影响作用也可以说是非常重要的，微信逐渐发展成为青少年生活的一部分，微信已经发展成为人们，尤其是青少年群体重要的信息交流工具。微信可以很好地满足他们结识自己的同学、朋友以及亲戚、家长和朋友之间的沟通需求。微信对于提高青少年群体的社会交往圈子的稳固度、拓宽青少年的社会覆盖面等有十分重要的作用。青少年人群利用微信平台进行社交、文化与情绪的交流。大多数青少年使用微信的首要原因是微信可以极大地增强他们与亲朋好友之间的信息交流和沟通互动频率，并且在各种信息交流的过程中呈现方式更加多元化、形态上无局限，从而可以促使人们获取更为丰富的信息内容。

一方面，人们面对虚拟的互联网络能够更放松，情感交流的过程中更容易表现出真实的自我；另一方面，它基于现实的人际关系而发展，"准实名性"的特征要求微信的好友中绝大多数为个人认识或熟知的朋友，相

---

① 瞿洁. 微信影响下的青少年价值观教育研究［D］. 开封：河南大学，2017（6）：1.

对于虚拟社交中对网友的不信任感相比更加容易亲近，从而微信逐渐发展成为青少年群体进行社会交往与情感交流的重要平台。

（二）微信是青少年群体生活、消费、娱乐的重要平台

微信在青少年群体中具有一定的受众群体，他们多属于乐于尝试新鲜事物的群体。微信不仅满足了青少年群体对于社交的需求，更在很大程度上方便了个人的日常生活。信息化的高速发展不仅为人们提供更为丰富的新闻资讯，更重要的是对于个人日常生活方式的改变。青少年群体通过微信与他人交流的内容主要有个人的心情、想法与生活状态。

青少年表示微信能够满足其娱乐休闲的功能，他们经常使用微信来打发无聊时光。青少年群体所关心和注意的是公众平台上的一个订阅账户，主要涵盖到了时政类、社会民生、娱乐八卦、闲闻逸事以及各种其他的社会性消费服务。其中，部分青少年会通过微信直接获取有关娱乐和八卦等各种类型的信息，微信充分地满足了个人闲暇的时间内对于文化和娱乐信息的获取，尤其是对于正处于追星年龄阶段的少年来说，获取自己所喜欢明星的信息和资讯更为普遍。另外，部分青少年表示他们会通过微信进行一些手机游戏软件的使用，如节奏大师、糖果传奇、天天酷跑等。这类游戏为其学习工作之余的时间提供了一定的乐趣，并且将原本的单机游戏与微信平台的特点相融合，不仅增强了游戏的趣味性，还提升了青少年在游戏过程中与朋友、亲人的情感互动，这也成为一部分青少年与他们的亲友进行互动的独特方式之一。

青少年群体在网络上通过朋友圈更多地进行个人信息传播行为，主要内容包括发表个人心理状态、照片和图像、分享最佳文章和资讯链接等。和同学、同事、朋友、亲戚分享自己生活中的点点滴滴。这种现象的出现都是与微信朋友圈的特点分不开的，青少年群体之所以喜欢通过朋友圈来分享自己的生活，与微信朋友圈对于每一个用户的个人信息具有保密性功能有关。人们只能通过其看到属于自己好友的信息，并且相互间的互动也

必须要是相互间的好友才能够看到。

（三）微信是青少年信息传递的重要手段

现如今，青年大学生的就业形势和情况已经成为当前我国经济社会日益严峻的一个问题，产生这一问题的重要原因之一便是由于信息的传递速度太慢，平台比较少等方面所造成的。那么，微信的诞生就为各类就业信息传递和发布提供了更为便捷的平台，青年人群不仅能够通过互联网获得与就业相关的信息，更有助于他们不受时间和空间的约束，而直接获取最新信息，基本解决了与就业相关的信息传输滞后的问题。

如今微信更加普遍，越来越多的大型企业公司、学校、班级都已经建有自己的微信群。微信群已经逐渐地成为各类企业，对自己的员工所做出的工作进行考核、日常工作情况的汇报的一个重要的平台。很多企业会要求自己的员工在微信群汇报工作内容，并且已经发展成为进行企业绩效考核的重要衡量指标；而对于在校学生来说，也同样具有相似的微信交流群，学校老师、同学也会通过微信发布一定的通知、信息内容等。

现阶段的青少年还会通过微信公众平台、朋友圈来阅读和收集各种文章和资料，并对其进行相应的信息交流传播。另外，除了关于资讯、新闻等信息的广泛传播之外，还有一部分青少年会通过微信传播关于商业和消费品类型的信息，通过微信的平台去做起"微商""代购"等销售活动。新媒体时代下的网络信息传播，已经完全突破了传统媒体时代下以新闻和电视节目为主要渠道的传统信息交流，各种以围绕社会和人们的生活而展开的网络信息传播变得更加迅速与普遍，也更加深刻地影响着社会和人们的工作和日常生活。

（四）满足了青少年情感表达与宣泄的需求

情感是现代人对所认识的事物、对其他个体与自己本身的态度与体验，作为一种心理过程，在主我和客我之间进行的一种信息交流活动。现代人的生活节奏快、生存压力大，渴望人际交流实现相互关系、相互理解、相互尊重。但现实生活中，多数是"沉默孤独的一代"，即使身边有许多人的陪伴，依旧觉得寂寞，情感无法找到倾诉的对象。在处理人际关系的过程中，"面子"成为调节人际关系的重要因素，面子强调某种社会尊重与社会价值，表现为公众的自我形象与他人认定的自我形象。[①]

微信为陌生人的交往提供了情感表达需求得以满足的"场"，交流与交往的身体的缺位，使具有不同性格、不同性别、不同文化程度的人结识并相互真情告白，使现实中孤寂的心灵得到慰藉，宣泄不良的情绪，把人从紧张的心理状态中解放出来。微信的另一种交流是建立在熟人关系圈中的，微信迎合了中国人含蓄委婉的交往特质，难以启齿的情感表达可通过微信的言外之意、"绕圈子"的方式流露出来，避免了尴尬感与不自然感。

（五）为青少年更加方便地对日常生活、事物和思想进行记录和表达提供了便捷的途径

微信是记录和表达的平台。表述了个人对日常生活、事物和思想进行漫不经心的记录和表达。微信与腾讯微博通过"微博发图助手"来进行整合，以实现记录与表达的传播功能。用户发送给"微博发图助手"的文字、图片等信息都会直接发布到绑定的腾讯微博账号中。微信的写作与微博一样简单，你可以在一定字符的范围内写很有深度的东西，如跟踪某个新闻事件、写写小评论。但更多的是写些所见所闻，对生活发发感慨，或者仅仅是告诉你的朋友们你现在在干些什么，让他们随时了解你的动态。正如新浪微博的宣传语"随意记录生活，即使只是一句话、一张照片、一个链接，随时随地发微博"。

随着微信的出现，人们或许进一步减少短信和语音通话的数量，遇到不太着急的事情时，发一条语音信息或许是一个更加方便的选择。这种新的语音通信或将改变未来主流的通信方式。利用微信，个人对日常生活、事物和思想进行个性化的记录和表达，以文字、语音甚至是视频的形式直

---

① 聂磊. 微信朋友圈：社会网络视角下的虚拟社区 [J]. 新闻记者，2013（5）：72.

接传播给最亲近、最想沟通交流的好友。相对于微博来说，使用门槛更低、更方便、自然，更加私密化；相对于短信来说，又具有其不可比拟的语音功能，能给沟通双方传递最直接的情绪；相对于电子邮件或者QQ信息来说，又具有其不可替代的到达性。

三、青少年在微信使用过程中遇到的问题及应对策略

微信虽然方便青少年开展社交活动，但也不能忽视这类社交软件带来的一些负面影响。一旦我们在社交网络上浪费了过多的时间和大量精力，正常的学习和生活将被严重地影响。

（一）青少年在使用微信的过程中遇到的问题

1. 微信使用过程中的安全隐患

由于微信可以给好友发红包、转账，还可以扫码支付，因而在使用的过程中，常会有欺诈事件出现。如微信AA付款红包诈骗，不法分子通过文字游戏将"AA付款"恶意伪装成"AA红包"，利用部分用户对微信AA收款功能的不熟悉，诱导转账；利用将"红包大盗"手机木马伪装成微信红包，窃取手机用户的银行卡号等信息。它设计的页面跟微信钱包十分相似，点击后界面会提示输入一个密码，输入后会出现一个"恭喜你成功领取红包"，不知情的人会真的以为领取到了红包，其实在不知不觉中，用户银行卡的信息就已经被不法分子获取了。有些钓鱼链接利用存在的漏洞伪装成微信红包进行传播，当用户点击红包后会出现"你被骗了"字样。但这并不是一个简单的玩笑，该链接会将用户引到外部网站，可能中木马。木马可能盗取用户手机资料、偷跑流量吸费，甚至会盗取用户绑定微信支付中银行卡的信息。微信支付的强势推出，不仅给广大微信用户带来了支付便利，引发了新一轮互联网金融浪潮，同时其安全问题也一度成为舆论的焦点。

另外，在微信支付功能使用中也会出现一些失范行为。随着移动支付

的普及和用户数量迅猛地增长，移动支付的交易终端已逐渐地成为犯罪分子在互联网上作案的主要目标。一些黑客使得手机和互联网的用户在伪装好的 wifi 网络端、伪装好的基站里泄漏自己的银行卡等数据，伺机向手机和互联网的交易终端进行恶意攻击。

2. 隐私泄露

在"微信—设置—隐私—朋友圈权限"里有个"允许陌生人看十张照片"的设置，一些犯罪分子就是利用了这种易被用户忽视的漏洞获取目标图片或视频信息。另外，微信还具有了定位功能，在三个不同的地点进行搜索，便能够确定出一个目标的具体位置，随着定位次数的加大和时间的推移，这个目标所在地的位置搜索精度也将会变得更加准确。犯罪分子据此就可以确定目标的位置，再依靠用户在朋友圈里的照片和一段小视频，基本上就可以通过这些信息来判断一个目标的生活环境和家庭状况，从而实施自己的犯罪行为。

另外，"摇一摇"是微信社交功能的一大特色。通过使用该功能，可以将自己的交友范围扩大到陌生人群。但是在充分满足用户的交友欲望的同时，个人信息也有可能会直接暴露于社会公众之中，存在着巨大的安全隐患。微信"摇一摇"在微信社交中不存在用户信息的自动控制和信息甄别等功能，使用者的交流具有很强的自由性、开放性、匿名性，其操作的便捷性使人们对微信另一端的通信者降低了警惕性。不法分子往往利用用户的这种心理，获取用户的个人信息并对信息进行处理，进而威胁个人人身及财产安全。

最后，微信中还有不少肆意横行的虚假链接，例如，收到了朋友们发来的一些相册链接，邀请自己先去网站上查看，实质上在点击之后会要求登录 QQ，似乎这里也没什么不寻常，但是按照提示进行登录后，微信的账号就被强制转载或者发送其他的欺骗信息给好友。同样的，出于朋友间的信任和好奇心，又会有新的一群人受牵连，在操作过程中，不法分子可以轻易获取用户账号信息。

3. 身份欺诈

由于微信用户缺乏身份认证，身份伪装成了威胁微信用户人身、财产安全的设计漏洞。微信网站中用户的个性化头像或昵称是完全可以不受限度地进行更换，不法分子也有可能替代用户自己亲近朋友的个性化头像或其他昵称来进行欺诈。在这一身份验证的问题上，微信就是无法做到如同QQ一样实时地查看注册用户IP或者是异常的登录提示等。进而就导致了QQ等被广泛使用的聊天工具上流传的"自助充值"诈骗案件时有发生。随着微信身份认证功能的日益完善，该安全隐患有望得到缓解。

4. 人际交往中可能遇到的问题

有人说社交软件是时间黑洞，它们吸走人们大量的空闲时间，也让我们与他人的线下距离变得越来越远。从心理层面来讲，人人都有社交需求的需要。社交性的需求是在马斯洛需要层次的理论划分中，高于生理性的需要和安全性的需要，但又远远低于尊重性的需要和自我实现的需要。一旦我们把太多的时间投入到微信这类的社交软件中去了，那么我们的社会交往浓度就可能会被极大地稀释了。在每个人的时间和精力都很有限的条件下，信息沟通渠道越多，单一的渠道所分配出来的资源也相对较少。

微信的语言沟通能力强，容易诱发青少年群体对媒介的"依赖症"。长期沉迷于微信公众平台社交，容易导致青少年在现实生活中面对面的人际交往出现问题，导致他们在现实生活中人际交往的冷漠与疏远，诱发他们人际交往产生严重心理障碍，造成人际交往的信赖危机。微信中"摇一摇""漂流瓶""查看附近的人"等互动功能，在操作技术上方便了微信用户与其他的微信陌生人之间快速建立互动关系，扩大了社会交友的覆盖率，然而这种以微信陌生人之间为互动主体的网络空间交友模式，却很有可能被过度滥用。对于那些心术不正的陌生人来说，就是一种拿来搭讪的欺骗手段，对话中也常常不乏低俗、淫秽的成人内容。有些虚拟行为的失范现象，本来仅发生在电子网络的虚拟空间里面，但是通过虚拟交友这一类渠道，延伸发展到了互联网络以外的现实生活，则极大地加重了微信应用过程中失范行为所可能造成的不良影响。比如，微信用户可以把自己的大概地理位置等相关信息实时共享给别人，如果是将地理位置信息实时分享给陌生朋友，那么就可能存在着一定的安全隐患。在我们的现实生活中因此而导致的杀人、劫财和劫色的案件频繁地出现。微信陌生交友行为延伸到现实社会中，也诱发了诸如一夜情、招嫖、强奸、暴力等不良社会现象。

5. 信息发布、交流中的问题

（1）恶意发布与炒作信息

如今是自媒体的时代，对普通大众来说，微信也是一个很方便的自媒体平台。一些人通过微信公众平台希望获得更大的影响力，更多的寄希望于信息推动所衍生的广告价值。由此也带来了另一个矛盾——这些人利用微信自媒体的商业驱动，会导致这些媒体推送一些失范的信息内容。越来越多的公众号也被用作企业恶意营销、甚至不公平竞争的工具，一些公司为获取商业利益，肆意在公众号发布谣言中伤竞争对手，让微信沦为了商业竞争的工具。

（2）传播谣言与诈骗信息

微信里的用户最早都是从移动通讯录、QQ好友里添加过来，在微信这个全新的平台里扩展了原有的社会联络关系网。微信主要是给用户提供各种文本、图像、视频、语音等传递符号来简化信息沟通与交流，增强情感的互动。熟人之间在社会交往的过程中容易出现失范行为的问题，其关键在于微信好友间信任感的建立。在这样一种相互认可和信任的社会环境中，更加容易导致个体之间的诈骗行为或者群体性非理性行为。比如，微信朋友圈里的微商的迅速崛起，本身就是因为建立在微信朋友们充分信任的基础之上，而且很多新闻媒体也多次报道了微商借此来售假、诈骗。在这样相互信赖和信任的环境中，微信的好友们在分享和转载信息时放松了警觉，为谣言、虚假信息的传播带来了新的契机。微信中微信群和朋友圈实现了信息由人际传播扩大至群体传播，为不良信息的更大范围的原子式扩散提供了传播途径。利用微信传播虚假信息，易引起社会恐慌，信息传播速度快，造成无人把关的信息快速传播，受众群体获取信息的成本减低，同时信息的选择成本增加。

现在正处在一个现代化的网络社会里，人们已经逐渐习惯了如何充分利用微信平台进行传播，开展人际互动和信息的交流时，谣言也裹挟在其他的各种信息中，并且逐渐地混入了微信朋友圈、公众号，混淆着微信空间里的信息真假。传播网络诈骗虚假信息，微信的网络诈骗大多以非常占有为主要目的，利用虚假的事实信息进行网络诈骗，骗取他人财物。

（3）传播色情、暴力

由于网络上的淫秽性色情资料在互联网上被人们通过各种图片、游戏、电影、文学等各种形式进行着无孔不入的传递，这些信息不仅低级乏味，而且对社会产生很大的威胁和危害。而微信自身独有的传播特点，为部分不法分子对色情信息的传播提供了方便。微信淫秽色情信息的主要传播途径和方式与传统的淫秽类色情信息传播方式大致类似，一般也是以文字、图像、视频、音乐等作为媒介对其进行传播。

（二）青少年合理使用微信的建议

1. 加强网络法制与规范建设

一个好的网络环境，离不开政府、执法机关对互联网的监管。微信作为一种互联网中使用频率相对较高的软件，需要通过常态化法治建设的方式来应对其更新与变革。而想要能够保证这一法律准则的切实可行，就需要立法者在复杂多变的环境中，找到产生这一问题的根源和症结，合理立法。保护用户的隐私，明确微信的运营商、服务企业的权利、义务以及微信用户的行为规范，有助于微信法治化治理工作的常态化。① 如可以强制在微信实施实名注册认证，不法分子利用微信平台进行网络犯罪的重要动

---

① 曾思怡. 微信使用中的失范行为及其治理研究［D］. 长沙：湖南大学，2016（5）：36-38.

力和原因之一，就是微信没有强制使用实名注册认证，不法分子可以在网上申请多个微信账户，案件一旦发生后，罪犯可以及时将微信账户中的信息停用或注销，致使他人无法对其进行跟踪。所以，应该在加强后台数据库数据保护的前提下，实现用户实名制。让犯罪分子意识到，即使在虚拟的网络环境中，依然不可以肆意妄为。①

2. 加强对微信服务平台的安全保障

微信平台的稳定和安全性对于每一个微信的注册用户都至关重要，对于每个微信用户来说，微信平台扮演着提供服务和保护、监管的职责。据了解，腾讯公司已经增设了一些创新技术比如拦截、举报人工处理、辟谣工具等系统。加强对微信信息的收集和监督管理，一旦发现微信中有疑难和存在问题的数据，经过权威部门判定或者举报后经过工作人员的审查和确定，如果信息涉及侵权、泄密时，微信将会立即停止或阻断信息的发布和传播，情节严重者，甚至导致封停账号。此外，也应加强对个人隐私信息的保护，存储用户信息的数据库应使用成熟的加密技术，使数据以密文形式存储，可以防止数据库管理员随意查看、篡改用户信息。此外，一旦服务端数据库被攻击导致数据丢失，攻击者在未获得密钥的情况下也无法获取原始有效数据。

另外，有关部门可以考虑微信采取实名认证，使用微信服务的时候应当注册本人真实的身份证号码。当前最重要的是制度创新，需要抓紧查缺补漏，找出在微信服务消费者权益保护方面存在的制度盲区和真空地带。如果知道某种微信服务功能的确被一些人所滥用的时候，说明这种服务的提供商，在主观上是明知的，至少是应知的，应知你的某种服务有副作用而视而不见，本身就不符合我们商业伦理的一般要求。如果运营商视而不见，也是失职，至少辜负了社会公众，特别是广大未成年人及其父母或者

---

① 中国密码学会. 微信安全问题及防范措施 [EB/OL]. 国家密码管理局网站，2017-04-25. https：//sca. gov. cn/sca/zxfw/2017-04/25/content_ 1011730. shtml

监护人对运营商的高度的期待和信任。

3. 加强微信使用安全知识宣传，提高青少年网络文明素养

（1）社会、学校、家庭要加强青少年使用微信安全知识的宣传教育，提升青少年微信使用中的安全防范意识和网络文明素养

青少年是使用微信的庞大群体，社会各界应该加强对青少年微信用户的安全教育。青少年的人生观、价值观和还处于形成阶段，没有办法对微信公众平台上的各种言行做出独立、理性、准确地分辨。因而也就很难有效抵御不良的干扰和影响。央视《生活早参考》：微信色情调查，这期节目就披露出学生微信中出现色情信息已经是常态，且容易使学生沉迷于色情信息，影响正常的学习生活。①

在监管部门和微信平台自身加强监管的同时，用户在个人信息的保护中发挥着不可替代的作用。要充分利用各种有效的手段，进行宣传教育，提高微信公众号用户加强对信息安全风险防范的认识，警醒他们时刻把个人的信息安全牢记于心；指导他们合理地填写微信上所有的个人资料信息，哪些个人资料应该写，哪些信息不应该写，要做到心中有数，防止隐私信息被泄露，被不法分子利用。此外，还要引导教育青少年微信群中的用户学会对好友进行甄别，不能简单地与陌生人进行搭讪、交流，不要随意地打开一些由陌生人分享的文件或者链接。此外，提醒青少年微信用户应定期修改密码，以提高微信账户的安全性。

（2）青少年自身应加强网络文化素养的学习，自觉提高防御微信使用中各种问题的免疫力

"没有自我教育就不是真正的教育。"而青少年正确价值观的形成不仅需要外界的帮助，更需要他们自身不断地努力、不断地自我完善。青少年要增强自身选择、鉴别和使用微信的能力。在当前的信息社会中，青少年

---

① 网易科技报道. 揭微信招嫖内幕［EB/OL］. 网易科技网站，2013-11-18. https：//www. 163. com/tech/article/9DVI50HC000915BF_ 2. html

不仅作为教育的客体而存在，他们更多的是教育的主体。由于"无人不微信"，因此，微信对人们的影响也是无处不在的。

一方面，微信充分有效地填满了人们日常生活中的碎片化时间，丰富了人们的生活视野，缓解了人们在快速而又有节奏的日常生活和工作中的各种心理压力，可使人们也更能够尽情地享受日常生活中的种种微小美好；另一方面，青少年从他的微信中也获得了大量的信息，这些信息本身就有好有坏与有无价值之分。鱼龙混杂的微信用户和良莠不齐微信信息，对涉世未深的青少年提出了严峻的挑战。青少年只有进一步提高和增强自己在微信上搜集到的对人、事和多而杂的信息进行选择、分析与辨别的能力，学会了处理、辨别这些信息，才能有效地防范和抵御不良信息的传播侵害，让微信真正成为自己学习的利器，而不是被微信主宰变成"微信控"。青少年正确使用微信既要学会自觉地避开恶俗、暴力、色情等不良信息，又不能成为发布不良信息的始作俑者，不断丰富自身的知识结构，用扎实的知识底蕴、坚定的理想信念以及深厚的道德修养确立起自身更为合理的价值取向。

第四章

青少年网络电信诈骗及预防

随着现代科学技术和信息化的高速发展，"互联网+"等一系列新时代的信息技术被广泛运用到我们的社会和经济生活中。一方面，这种发展很好地推动了经济和社会的进步，方便了广大人民的工作和生活；另一方面，由于目前我国的监管机制不完善和有关的法律和政策相对滞后，也导致出现大量新型违法犯罪，特别是以网络电信诈骗行为为主要代表的新型网络违法犯罪持续高发，已逐渐成为上升最快、群众反映最强烈的违法犯罪。加强我国网络电信诈骗违法犯罪研究、对受害者的心理进行分析，以及在青少年中开展网络电信诈骗犯罪的预防教育，已经成为当前最为重要的工作。

第一节　网络电信诈骗及受害者心理分析

随着网络的迅猛发展，为人民日常生活、工作、学习等方面都带来了更多的方便，提升了人民群众的物质生活水平。但是，"互联网+"等新一代信息技术的运用在方便了人们工作、日常生活的同时，也容易被其他不法分子间接利用，通过这些网络平台进行诈骗，实施一些不法行为。花样层出不穷的各种网络电信诈骗，给广大人民群众确实造成了严重的人身和财产损失。

一、网络电信诈骗现状分析

诈骗在我国被认为是一种相对比较积极活跃的网络犯罪行为，随着经济发展和互联网科技的进步，很多诈骗行为都已从线下向线上转移，即"网络电信诈骗"。网络电信诈骗就是基于现代网络通信技术的发展出现的一种新型的特殊诈骗犯罪，与传统的诈骗方式相比较，有其特有的表现形式和特征。

（一）网络电信诈骗数据资料

网络电信诈骗是指通过电话、互联网及应用软件和短信等传播虚假信息，对受害者进行远程非接触式诈骗，诱使受害者付款或转账给诈骗分子，来骗取他人钱财的方法。这种诈骗发生在网络、电话等虚拟空间的，以非法占有为目的，用虚构事实或者隐瞒真相的方法，骗取他人财物。由于这种诈骗行为一般不使用暴力，而是在一派平静甚至愉快的气氛下进行的，只要受害人防范意识薄弱，一般很容易上当。下面从几组数据资料来了解当前网络电信诈骗的现实情况。

资料一：2016 年前 4 月广州石牌某高校师生日均被骗 5466 元，[1] 据天河区分局石牌派出所社区民警戴警官介绍，2016 年 1 至 4 月份，某高校共发生电信诈骗案件 26 宗，同比上升 36.8%。共计经济损失 65.6 余万元，师生平均每天被骗走 5466 元，相当于骗走了 182 名同学每天的伙食费。被骗事主中，女性占多数，有 17 人，男性 9 人；被骗人员有学生 21 人，教师 2 人，其他职工等 3 人。作案手段有：冒充网购客服 13 宗；冒充公检法

---

[1] 张丹羊. 走近电信诈骗受害者：某高校师生日均被骗 5000 元［EB/OL］. 新华网，2016-11-15. https://www.chinanews.com.cn/sh/2016/11-15/8062918.shtml

人员 5 宗;冒充亲友或领导 4 宗;盗刷卡 2 宗;征婚诈骗 1 宗;出售考研试题及答案诈骗 1 宗。

网络电信诈骗案件中,冒充银行淘宝客服、刷信誉度被骗最多。据广州从化区警方透露,从化区共有 9 所大专院校,师生共有 10 万多人,在非接触性诈骗警情中,互联网诈骗和电话诈骗的占比分别为 56.3% 和 43.7%。在互联网诈骗警情中,刷信誉、网上购物、冒充关系人三类警情数位列前三,占比分别为 39.4%、29.6% 和 9.2%。而在电话诈骗警情中,冒充银行淘宝客服、冒充关系人、假身份(公检法、邮局等)三类警情数居多,占比分别为 52.4%、21% 和 14.3%。

资料二:据内蒙古自治区赤峰市公安局消息,在我国经济发达省份,电信诈骗案件发案率高达 60% 以上。内蒙古自治区赤峰市下辖某区,2018 年至 2020 年以来电信网络诈骗案件发案数分别是 274 起、328 起和 432 起,占该区全部刑事案件发案率的 21.8%、29% 和 42%。①

资料三:浙江衢州公安调查显示,2020 年该市受理电信网络新型违法犯罪案件 5033 起,同比上升 3.77%,涉案损失 2.54 亿元,同比上升 60.39%。全市日均发案 13.75 起,日均损失 69.37 万元,案均损失 5.04 万元。其中,损失 10 万元以上案件 596 起,50 万元以上案件 76 起,100 万元以上案件 23 起。从诈骗类型分别来看,刷单返利类,贷款、代办信用卡和杀猪盘类三类案件数量最多,三类案件受理数占比之和达到 46.64%。杀猪盘案件损失价值最高,13.82% 的杀猪盘案件占总损失的 48.69%,案均损失达 20.48 万元;平台投资次之,涉案损失占比达 15.26%,案均损失 19.28 万元。刷单返利类电诈类案件受理数同比较 2019 年的 13.96% 上升 2.86%,其中,18~32 岁年龄段(青年)受骗人数最多,占比 66.77%。从受害性别来看,女性为主要被侵害对象,占比 74.61%,年龄段集中在

---

① 赤峰公安. 电信诈骗知多少?详解兼职刷单诈骗 [EB/OL]. 赤峰公安网,2021-01-19.

17~38 岁,占所有女性被刷单返利类诈骗的 82.43%;男性占比 25.39%,年龄段集中在 18~29 岁,占男性受害人的 62.86%。①

资料四:2019 年,猎网平台共收到有效诈骗举报 15505 例,举报者被骗总金额达 3.8 亿元,人均损失为 24549 元,较 2018 年人均损失略有增长。数据显示,2014 年至 2019 年,网络诈骗人均损失呈逐年增长趋势,至 2019 年,人均损失创下近六年新高。据 360 互联网安全中心发布的《2021 度中国手机安全状况报告》显示,2021 年全年,360 安全大脑在移动端拦截钓鱼网站攻击约为 5.6 亿次。2021 年全年,移动端拦截钓鱼网站类型主要为色情,占比高达 56.4%;其次为境外彩票(34.4%)、赌博(6.4%)、虚假购物(.9%)、金融证券(0.7%)与其他(0.26%)。②2021 年度,360 安全大脑共截获各类新增钓鱼网站 458.2 万个,平均每天新增 5.0 万个。观察钓鱼网站新增类型,金融证券类占据首位,占比61.9%。2021 年全年,360 安全大脑在 PC 端与移动端共为全国用户拦截钓鱼网站攻击约 933.4 亿次,同比 2020 年(1006.4 亿次)下降了 7.3%。其中,PC 端拦截量约为 927.7 亿次,占总拦截量的 99.4%,平均每日拦截量约 2.5 亿次;移动端拦截量约为 5.6 亿次,占总拦截量的 0.6%,平均每日拦截量约 154.2 万次。

2019 年,猎网平台共收到有效诈骗举报 15505 例,举报者被骗总金额达 3.8 亿元,人均损失为 24549 元,较 2018 年人均损失略有增长。数据显示,2014 年至 2019 年,网络诈骗人均损失呈逐年增长趋势,至 2019 年,人均损失创下近六年新高。据 360 互联网安全中心发布的《2020 年第一季度中国手机安全状况报告》显示,2020 年第一季度,移动端拦截钓鱼网站类型主要为境外彩票,占比高达 71.9%;其次为假药(11.5%)、虚假购

---

① 浙江衢州公安. 电信网络诈骗全年数据大公开[EB/OL]. 浙江衢州公安微信公众号,2021-01-19.

② 360 互联网安全中心. 2019 年网络诈骗趋势研究报告[R/OL]. 360 互联网安全中心网站,2020-01-07.

物（7.9%）、虚假中奖（3.2%）、金融证券（2.5%）、网站被黑（2.0%）、假冒银行（0.4%）、模仿登陆（0.4%）、彩票预测（0.1%）与虚假招聘（0.1%）。2020年第一季度，360安全大脑共截获各类新增钓鱼网站458.2万个，平均每天新增5.0万个。观察钓鱼网站新增类型，金融证券类占据首位，占比61.9%。

《2021年度中国手机安全状况报告》，2021年度360手机先赔共接到手机诈骗举报2336起。其中有效诈骗申请为1205起，涉案总金额高达2549.2万元，人均损失21156元。在所有有效申请中，交友占比最高，为25.8%；其次是虚假兼职（24.5%）和金融理财（15.6%）等。从涉案总金额来看，虚假兼职类诈骗总金额最高，达819.2万元，占比32.1%；其次是交友诈骗，涉案总金额786.4万元，占比30.89%；金融理财排第三，涉案总金额为486.3万元，占比19.1%。

2020年第一季度，手机诈骗中赌博博彩、身份冒充、金融理财属于高危诈骗类型；虚假兼职属于中危诈骗类型。赌博博彩类人均损失最高，约1.8万元；身份冒充类人均损失约为1.3万元；其次为金融理财类，人均损失约为1.0万元。从各年龄段人群网络诈骗举报情况来看，18岁以下人群举报最多的诈骗是购物诈骗，其次是游戏诈骗、兼职诈骗。18岁至22岁人群，即大学生人群举报最多的诈骗是兼职诈骗，其次是游戏诈骗、购物诈骗。① 2021年全年，从举报用户的性别差异来看，男性受害者占62.4%，女性占37.6%，男性受害者占比高于女性。从人均损失来看，男性为19727元，女性为23527元，女性人均损失高于男性。从被骗网民的年龄段看，90后的手机诈骗受害者占所有受害者总数的38.8%，是不法分子从事网络诈骗的主要受众人群；其次是00后，占比为28.1%；80后占

---

① 360互联网安全中心.2019年网络诈骗趋势研究报告［R/OL］.360互联网安全中心网站，2020-01-07.

比为 24.6%；70 后占比为 6.5%、60 后占比为 1.4% 等。① 从 2019 年网络诈骗受害者年龄分布及人均损失上看，18～22 岁年龄段人群，举报量最高，占比 23%；23 岁至 27 岁人群举报量第二，占比 22%；28 岁至 32 岁人群举报量第三，占比 20%。该三大年龄段人群主要为 80 后、90 后。从 2019 年网络诈骗受害年龄分布及人均损失上看，80 后、90 后举报量最高，60 后、50 后人均损失最高。年轻人受骗多，老年人伤更深。② 由此可见，青年大学生群体是手机、网络诈骗案的最大受害群体。

（二）网络电信诈骗现状

当前，我国电信诈骗犯罪蔓延的范围广、作案效率高、社会危害性较大。手机用户为了安全，经常都会在自己的智能手机上安装一些手机软件，经过研究资料以及统计分析，结果表明，360 手机安全卫士是国内智能手机用户量最多的一款手机智能化安全应用软件，仅在 2016 年 8 月这一个月内，该款智能手机安全应用软件拦截的各类骚扰电话和手机短信数量总计 34.3 亿次，平均每天就高达 1.11 亿次，然而诈骗骚扰电话就占了 13%。这还仅仅是这一种软件的统计数量。考虑到仍有大量的智能手机使用群体未装或安装其他安全软件就可以看出，用电信、网络等高科技手段进行撒网式的诈骗犯罪效率是非常的高的。同样因为现代移动通信手段和金融消费转账支付方式的多样、便捷，电信诈骗犯罪可以无阻碍地肆意蔓延到各个地域，极大地扩大了犯罪实施的范围。而受骗的人员有很大一部分是年龄比较大，文化知识水平相对比较低，对新鲜事物接触不多的社会弱势群体，很容易造成重大的损失导致社会不稳定因素的出现。电信诈骗给人们心理造成隔阂，使人们在交往中战战兢兢、小心翼翼，失去心理的

---

① 360 互联网安全中心. 2021 年度中国手机安全状况报告 [R/OL]. 360 互联网安全中心网站，2021-01-27.

② 360 互联网安全中心. 2019 年网络诈骗趋势研究报告 [R/OL]. 360 互联网安全中心网站，2020-01-07.

安全感、降低生活的幸福感与满意度，严重降低社会凝聚力，损害社会文明和谐，阻碍国家经济的进一步发展。①

（三）网络电信诈骗的特征

从以上数据资料可以看出，当前网络电信诈骗犯罪具有如下特点：

1. 范围广、数量大、危害大

网络电信诈骗犯罪的发案区域呈现全国普发的态势，发案范围较广。由于互联网的普及，行骗者一般都是采用广撒网和重点培养等方式，使得被害人的犯罪数量比以往传统的诈骗大幅度地增加。其中受害人群数量巨大、分布广泛，极易产生严重的社会影响。除了地域广，网络电信诈骗的群体也分布比较广，完全可以无视年龄、学历、知识、经验等因素，各个社会群体的受害者都有出现。在互联网交易规模日益扩大的情况下，网络诈骗违法犯罪的数量和涉案金额正在持续地增加，案件中的大案、要案也频繁发生，使得受害者经济损失巨大。网络电信诈骗犯罪案件中所涉嫌犯罪的金额和数量逐年快速攀升，给人民群众带来了巨大的经济损失，也成为威胁人民群众财产安全的突出犯罪问题。

2. 异地、远程性

网络电信诈骗的突出特点之一是远程性，网络电信诈骗和一般诈骗取得财物的主要途径不同，在诈骗过程中施害方与受害方双方不需要面对面即可完成整个诈骗过程，但其非法占有目的和虚构事实、隐瞒真相的手段行为并没有发生本质变化。

3. 隐蔽性

伴随着现代通信技术的快速发展，网络电信诈骗的犯罪手段与技术以日新月异的速度更新着。由于网络诈骗的整个发展历程完全依靠一个虚拟空间或者网络来实现，行骗者不需要直接接触到被诈骗者，得手后就可能

---

① 邓力泉. 我国电信诈骗犯罪的现状、成因及对策 [D]. 烟台：烟台大学，2018 (4)：4.

会毁掉网络上的信息和证据,并迅速地消失,具有很大的隐蔽性。①

4. 诈骗行为、方法多样化,既简单又复杂、且不断创新

相比于现实生活中的诈骗手段,计算机、网络、电信等一系列高科技和新兴行业给网络诈骗者带来了许多方式和手段,也大大地增加了辨认难度。利用电信网络等渠道来编造各种电子信息,诈骗别人的钱和财产,并不需要自己投入大量的时间、人力和物力,而且还有可能通过简便的手段取得其他人的认可和信任,迅速获取他人财物。

二、网络电信诈骗的种类

近年来,网络电信诈骗的手段层出不穷、不断地翻新,几乎涵盖了我国现代社会的各个领域,包括人们的生活、工作、娱乐、社交关系等方面。从公安部对网络电信犯罪的统计资料来看,网络电信中的诈骗种类近百个,体现了种类繁多、行为模式比较复杂的特点。据内蒙古赤峰公安局统计数据,从该市红山区 2019 年发案情况来看,也有几十种,其中较为突出的就是刷单诈骗和贷款诈骗,这两类诈骗案件发案分别占全部电信诈骗案件的 29% 和 25%,占到发案总数的一半以上。还有些是投资平台类诈骗、假冒领导、熟人、客服等类型诈骗案件、"杀猪盘"诈骗案件,也就是我们说的网络交友类诈骗案件也时有发生,虽然发案数占比不高,但是往往受害人的损失非常大,追损难度也非常大②(联网杀猪盘是一种泛指诈骗犯罪分子通过网络进行交友,诱导其他受害者进行投资或赌博的电信诈骗方式。"杀猪盘"其实是诈骗者们所起的一个名字,是指放长线"养猪"诈骗,养得越久,诈骗得越狠)。

---

① 董颖莉. 电信诈骗案件现状趋势及治理对策研究 [J]. 法制博览,2020 (9) 上:106-107.

② 赤峰公安. 电信诈骗知多少? 详解兼职刷单诈骗 [EB/OL]. 赤峰公安网,2021-01-18.

1. 虚假贷款、助学金、奖励补贴类诈骗

犯罪嫌疑人伪装成贷款、助学金以及各类补贴贷款发放单位的工作人员，通过互联网络传播媒体、电话、短信、社会交往工具等手段，公开发布正在办理贷款的广告信息，或者利用短信、电话、社会交往软件来搭讪受害人。诱骗受害人直接通过手机点击相关虚假工作服务软件、登录虚假互联网站或者通过其他社交平台发送给受害人"服务合同"，编造支取相关资金需先支付所谓的"贷款包装费""获奖税费""保证金""代办费"等理由，要求被害人先支付一些费用等为由，诱骗被害人向犯罪嫌疑人账户转款或通过第三方软件支付骗取钱款。

2. 网络购物、虚假购物类诈骗

网络购物类骗子的套路大致如下：在你网购之后会给你发短信或电话，称产品质量有问题或缺货，要给你退款。然后，他会热心地指导你操作，让你输入银行卡号和验证码，并把验证码告知对方。接下来你就会发现，原本应该用来退款的银行卡，反倒被扣了钱。此时，骗子会联系你，告诉你刚刚操作失误，重新操作一次会把货款和扣款一起打还给你。急于知道真相和拿回钱财的你便很容易被牵着鼻子走，于是你的银行卡又一次被划走了钱。

虚假购物类诈骗手法：犯罪嫌疑人通过网络社交工具（微信朋友圈等）、网页、搜索引擎、短信、电话等渠道发布商品广告信息，通常以优惠打折、低价转让、海外购、0元购、1元购物等方式为诱饵，诱导被害人与其联系，待被害人为购物付款后，就将被害人拉黑或者失联，被害人也未收到约定的商品、货物。或以加缴关税、缴纳定金、交易税、手续费等为由，诱骗被害人转账汇款，实施诈骗。

3. 兼职刷信誉、网络刷单返利、红包返利类诈骗

兼职诈骗是指利用虚假兼职招聘为幌子，骗取用户钱财的诈骗方式。此类案件利用年轻人希望通过网上赚取快钱的心理，诈骗手段多样，如刷

单、网络兼职、代加工、打字等。有资料显示，在兼职诈骗举报中，打着刷单名义的兼职诈骗占比最多，为72.3%。在各类兼职诈骗中，刷单类兼职诈骗造成的人均损失最高，为10310元。网赚类兼职诈骗人均损失排在第二位，为9353元。打字类兼职诈骗人均损失最低，仅有461元。在兼职诈骗中，18至22岁人群为最大受害群体，占比36.1%。该年龄段人群一般多为大学生。①

刷单伴随着电商的兴起而来，店家付款请人假扮顾客，用以假乱真的购物方式提高网店的排名和销量获取好评吸引顾客。这一行为被电商平台明令禁止，但生命力顽强，也由此衍生了刷单产业链，网络诈骗分子也盯上了这一灰色地带。犯罪嫌疑人通过网页、招聘平台、QQ、微信、短信、抖音等渠道发布兼职信息，以开网店需快速刷新交易量、网上好评、信誉度为由，招募人员进行网络兼职刷单。被害人看到信息后主动添加犯罪嫌疑人为好友，在赢取被害人的信任以后，犯罪嫌疑人会要求被害人在提供的链接或者软件上进行购物付款操作，拍下指定商品刷单。一般在刷单过程中，被害人刷第一单时，犯罪嫌疑人会小额返利让被害人尝到甜头，当被害人刷单交易额变大后，以"系统故障""刷单延时"等理由要求被害人反复多次刷单，嫌疑人以各种理由拒不返款并将其拉黑，然后被害人申请退款没有回应才知道被骗。

另一种方式是犯罪嫌疑人要求被害人登录正规的电商平台，要求被害人选中商品至"购物车"但不要付费，诱骗被害人通过第三方软件扫码或点击链接支付，并用"需要完成不同任务才能退还本金"为由诱骗其不停支付。当前学生遭遇的网络电信诈骗中，网络刷单诈骗、低价购物诈骗最为普遍。他们宣传通过虚拟购物的形式帮人给网店"刷单"提升信誉，比如刷100元很快就返还110元。尝到甜头以后，钱就越刷越多，最后就落

---

① 360互联网安全中心.2019年网络诈骗趋势研究报告［R/OL］.360互联网安全中心网站，2020-01-07.

入了骗子布下的陷阱。实际上，骗子用的是钓鱼网站，以几百元的"饵"钓上了你这条大鱼。

红包返利类诈骗手法：犯罪嫌疑人利用 QQ、微信、微博等社交工具发布信息，称有发红包返利活动（例如：发红包充 99 元返 200 元）拉人入 QQ、微信群，诱导被害人转钱，实施诈骗；或拉人入 QQ、微信群，以明星、网红粉丝福利、返利群等为名，让被害人认为是追星活动，诱导被害人在群内发红包或者点击群内连接付款充值等，最后将被害人踢出群，从而实施诈骗。

4. 网络游戏产品虚假交易类

2019 年，金融诈骗是举报量最高的诈骗，高达 3314 例；其次为游戏诈骗举报量 1927 例，兼职诈骗 1823 例。① 网络游戏诈骗主要有游戏币、游戏点卡虚假充值诈骗，其手法是：犯罪嫌疑人在社交平台推广充值游戏币、游戏点卡优惠或优惠购买的广告，诱导被害人先付款，制作虚假的各种游戏界面和充值界面截图，发送截图给被害人获取信任，对其实施诈骗。

网络游戏诈骗另一个常见的手段是游戏账号、装备虚假交易，其诈骗手法是：犯罪嫌疑人发布买卖游戏装备、游戏账号的广告信息，诱导被害人在架设的虚假游戏交易平台进行交易。部分案件中，犯罪嫌疑人让被害人提供游戏账号和密码、登录服务器区域、登录的手机系统，最后通过登录被害人游戏账号，冒充该被害人诈骗其游戏内其他好友。犯罪嫌疑人以出售游戏外挂、游戏代练、解除游戏账号冻结、解除游戏防沉迷限制等为事由，诱骗被害人汇款实施诈骗。

5. 冒充领导、熟人类

冒充领导诈骗手法：犯罪嫌疑人通过电话、短信、网络社交工具

---

① 360 互联网安全中心 . 2019 年网络诈骗趋势研究报告［R/OL］. 360 互联网安全中心网站，2020-01-07.

（QQ、微信、微博等）等方式，冒充被害人的领导、公司老板、上级管理者等身份，以与其他公司合作伙伴签合同、送礼、遇事急需用钱等事情为由，诱骗被害人转账汇款，从而实施诈骗。

冒充熟人诈骗手法：犯罪嫌疑人通过电话、短信、网络社交工具（QQ、微信、微博等）等方式，冒充被害人亲戚、子女、好友、同事等，以人在国外代买机票、交学费、给教授送礼、违法被公安机关处理需要保释金、遇交通事故需救治或赔偿、处理关系不方便直接出面、病重需手术等急危情况等事由，诱骗被害人转账实施诈骗。

6. 虚假征信类

消除校园贷记录诈骗手法：犯罪嫌疑人冒充网贷、互联网金融平台（蚂蚁金服、360借条、京东金融等）工作人员，称被害人之前开通过校园贷、助学贷等，按照现在政策属违法违规，现在需要消除校园贷记录，或者校园贷账号异常需要注销，如不注销会影响个人征信为由，后诱骗被害人转账汇款或让被害人在正规网贷、互联网金融软件上贷款后，转至其提供的账户上，从而实施诈骗。

消除不良记录诈骗手法：犯罪嫌疑人冒充银行、网贷、互联网金融平台（蚂蚁金服、360借条、京东金融等）工作人员，称被害人的信用卡、花呗、借呗等信用支付类工具有不良记录，需要消除，不消除会影响个人征信；或者称被害人之前有网贷、分期记录，会对个人征信产生不良影响，以可以帮助注销账号、消除分期记录等为由，诱骗被害人转账汇款，从而实施诈骗。

7. 冒充公检法及政府机关类

冒充公检法诈骗手法：犯罪嫌疑人以被害人名下的银行卡、电话、社保卡、医保卡等具有消费功能的工具被冒用，或被害人身份信息泄露，涉嫌洗钱、贩毒等犯罪，之后冒充公检法等司法机关执法人员，要求被害人将资金转入国家账户配合调查（部分案件中，犯罪嫌疑人还会向被害人展示假公检法网站上发布的假通缉令等法律手续，来骗取被害人信任）。

冒充其他单位组织诈骗手法：犯罪嫌疑人冒充税务、教育、民政、社会和劳动保障、残联、金融机构（银保监会等）等政府部门工作人员，以领取补助、退税、助学金，诱骗被害人汇款实施诈骗。或称社保、医保、证券、金融等账户出现异常（通常为冻结、失效等），诱骗被害人向安全账户汇款实施诈骗。

8. 冒充客服类

冒充电商客服诈骗手法：犯罪嫌疑人冒充电商平台客服，谎称被害人购买的物品出现问题，以可给予被害人退款、理赔、退税等为由，诱导被害人泄露银行卡和手机验证码等信息，将被害人银行卡内钱款转走；或者因商品质量原因导致交易异常，将冻结被害人账户资金，让被害人将资金转入指定的安全账户实施诈骗；或以误将被害人升级为会员、误将被害人授权为代理、误给被害人办理了商品分期业务等，如不取消上述业务将以扣费为由，诱导被害人转款，实施诈骗；或以被害人会员积分、芝麻信用积分不足不能退款为由，让被害人提高会员积分进行贷款，并指引被害人将贷款向指定账户汇款实施诈骗。

冒充物流客服诈骗手法：犯罪嫌疑人通过非法渠道购买购物网站的买家信息及快递信息后，后冒充快递、货运、仓储等物流公司工作人员称被害人快递丢失，可给予被害人退款、理赔、退税等，诱骗被害人转账汇款，或者根据犯罪嫌疑人的诱导，将其银行卡等信息输入二维码跳出的网页，并输入手机验证码后，其银行卡内钱款便被转走。

二、网络电信诈骗受害者心理分析

从网络电信诈骗的手段和方法来看，有的方式方法并不是很复杂，而且还是很简单的手段，这就让人在憎恨电信诈骗的同时也产生了疑惑：为什么这么低级的骗术，会让人中招？而且从小学生到大学教授，从农村百姓到城市知识分子都有发生？经过对网络电信诈骗受害者心理特征进行了分析，发现网络电信诈骗中受害者心理特征主要表现为：逐利贪婪的心理、恐慌畏惧的心理、同情心理、熟人信任的心理、猎艳猎奇心理，以及自我侥幸心理等几个方面，犯罪分子会充分利用网络媒介和心理的发展历程开展相关的诈骗活动。①②

1. 逐利贪婪、轻松赚钱的利益驱动心理

网络电信诈骗案件中，很多被害人在逐利贪婪、轻松赚钱的利益驱动下，出现幸运、贪利等为自己谋利益的心态，幻想着能轻轻松松赚大钱，这是最常见、最容易被利用的趋利心理。有的年轻人希望能够通过一些兼职方式来减轻家庭经济负担，对于各类网络微博、微信、QQ、网站等公布出来的兼职信息存在的欺骗陷阱没能及时辨认。有的青少年为了追求时髦前卫、追逐名利，追求高消费的物品，生活中开销比较大，在其家庭经济条件无法满足的情况下，通过各种网络媒体进行各种兼职工作而被其他不法分子钻了空子。如财政补贴、救济、帮扶、助学金低价购物、高薪企业招聘、提供考题、兑换积分活动、微信假冒商品代购、网上购物等。

2. 对熟人信任、放松警惕以及同情心理

人与人之间因为在社会中的地位和分工，而建立了各种不同的关系，这样必然地就会在人与人之间形成一定的利益相关性。犯罪嫌疑人利用人与人之间彼此帮助的关系，为自己编造与被害人利益相关性很好的关系，如冒充初高中及大学同学、年级辅导员、专业任课教师、部门领导、亲朋好友、QQ 或者微信好友等，冒充的身份与被害人越亲近，就越容易获得成功。犯罪分子冒充这些身份，在微信或其他网络平台发布虚假爱心传递、点赞诈骗，猜猜我是谁等诈骗手段专门用以击溃重视人际交往又没有防范之心

① 靳雷."互联网＋"背景下电信诈骗被害人心理分析与预防［J］.农家参谋，2018（7）：289-291.
② 陈代杰."互联网＋"背景下高校诈骗案件高发的心理原因探析［J］.经济研究导刊，2019（30）：198-199.

的人。还有的犯罪分子利用青少年周边的熟人、亲人身份通过"网络电话""改号软件"等网络手段向青少年传递"变故""困难""弱者"等信号，博取青少年的同情心和信任心理，逐步把青少年诱导进入"诈骗陷阱"。

3. 权威恐吓导致的恐慌、恐惧、畏惧和避害心理

诈骗分子通过冒充公检法等执法部门主动联系青少年，虚构他们的犯罪行为或已经有某些违法犯罪活动，压迫性地击溃青少年的心理防线，迫使青少年受害者服从诈骗者的权威指令，毫不犹豫地把钱转给诈骗者的指定账户，最终通过各种恐吓方式达到诈骗金钱的目的。犯罪分子会有目的性、选择性地虚构事实、隐瞒真相、编造理由、冒充他人身份，在这样突如其来的灾难或者不幸事件面前，被害人的心理反应机制在短时间内无法有效运转，导致被害人产生错误的心理认知。在网络电信诈骗过程中，犯罪分子有时会利用专门的音效师模仿场景音效，如场外模仿打字的声音、开会的声音等使得被害人会深感自己处于被公安机关监控的环境之中，这种情境的真实感会加速被害人的意志的瓦解，促使被害人完全相信犯罪分子所编造的谎言。另外，加上害怕自己无故受到法律制裁，急于证明自己清白的紧张情感刺激，被害人很难理性思考自己是否真的"犯罪"，被害人的意志陷于崩溃的境地，认知能力严重下降，直接受犯罪分子任意摆布。

最为典型的这种模式是假冒公检法的工作人员，电话诱骗、恐吓当事人把自己的资金快速地转移到一个所谓的"安全账户"，再通过网上银行把资金快速地从网上转移。被诈骗者们在遭受诈骗的整个过程中，被害者在紧张窘迫的情况，急于寻找各种可以逃脱和躲避危害的方法，而使得青少年身心都陷入了一种应激性的生理、心理反应，身心都陷入极度的紧张，甚至近乎崩溃的状态，此时不管要求他们去执行什么指令，极有可能他们都会照样做，再加上青少年对于公检法等专门职业权威感的严格遵守与服从，犯罪分子自然也就得心应手了。如虚构的电话欠费、电视欠费、刷卡消费、箱包藏毒、机票改签等。

此类网络诈骗中还有可能是由于不法分子通过"银行卡密码""支付宝密码""微信密码""花呗密码"等各种网络在线支付交易平台的密码泄露，需要及时对其进行修改、保护等各种借口而引发大学生恐慌不安心理，最终落入网络诈骗圈套。所以，只要产生了恐惧、惊慌和极度害怕的心理，就会降低理性思考问题的能力，违法诈骗分子就能充分利用时间、空间上的优势实施网络诈骗活动。

4. 侥幸心理

很多网络诈骗案的受害者在遭遇网络诈骗的过程中，都体现出了心存侥幸的心理。他们认为自己不会在生活中出现"这种糟糕的事情"，还有些人觉得他们已经是个成年人，具备一定的社会实践经验，不会轻易上当受骗。这种侥幸心理导致他们缺少对网络诈骗事件的详细分析和深入了解，为了能够达到快速、高效赚钱目的而以身犯险，最终酿成了苦果。

5. 消费虚荣心理

一些青少年的消费水平和家庭收入之间存在很大的差距。青少年和他们的同辈群体之间，在无形中往往会出现一些在日常生活和物质上的比较，有的青少年学生的生活费无法支撑其消费费用时，他们便选择"学生贷""趣分期""花呗""百度贷款""美团贷款"等多种融资手段借钱进行提前消费。网络平台的贷款消费为这些年轻学生的高消费提供了便利，也由此成为不可预料的危机陷阱。网络借贷诈骗分子利用青少年急需用钱的虚荣消费心理，以提升借款额度为诱饵，通过伪造各种虚假合同与公章等方式骗取青少年学生的信任，让青少年在不知不觉中陷入诈骗的陷阱。更有甚者，有的青少年利用朋友之间的信任让身边的同学、朋友通过所谓"提升额度给提成""帮忙刷高额度"的方式进行诈骗，部分青少年从受害者变为诈骗者的同伙。①

---

① 赵炎. 电信诈骗手段下大学生受骗心理分析及应对 [J]. 高校后勤研究，2020（2）：80.

第二节　青少年网络电信诈骗预防

近年来，数字通信、移动在线支付等信息技术和移动互联网络等传播媒体的迅猛发展，这些都使得我们的生活变得更加丰富多彩，方便快捷。但是，同时也使网络电信诈骗违法犯罪的各种技术手段层出不穷，网络电信诈骗嫌疑人广泛运用移动和固定电话，微信、QQ 等各种通信工具和各种新型社会交往软件，以及网络银行、微信、支付宝等新兴的第三方数字支付技术手段，对广泛群体进行线上比较隐蔽的诈骗违法犯罪活动，导致了一系列极为严重的社会危害后果。为何在网络电信诈骗案中，看似不复杂的手段却能让青少年屡屡中招被骗？青少年涉世未深，分析思维能力相对较弱，想法又很天真。青少年缺乏良好的社会体验与辨别技巧，是导致青少年很容易被诈骗的一个重要因素。许多纯真的孩子从来没有正确地理解和认识到"人世险恶"，更不了解这些诈骗者层出不穷的花招。他们有的是利用青少年泛滥的同情之心，有的以热心积极的形象示人，致使很多青少年都轻信了诈骗者的谎言。更有许多因为太过自信而对诈骗疏忽大意的青少年，在不知不觉中就已经陷入了诈骗骗子的圈套。那么，如何做好青少年网络电信诈骗的预防工作呢？综合各方面的建议，主要提以下几条预防措施。

一、学校要加强预防网络电信诈骗的宣传教育

网络电信诈骗是可以预防的犯罪，加强预防教育是防止受骗上当成本最低、最直接有效的措施。

1. 各级各类学校要采取多种形式，将网络电信诈骗预防教育落到实处，切实提高青少年预防网络电信诈骗的能力。网络电信诈骗预防教育可

以通过邀请公安民警、防骗专家进行网络诈骗预防知识讲座、知识竞赛、班会活动、小组讨论、网络电信诈骗预防演练活动、公共选修课程形式来安排相应内容，还可以利用互联网的资源及新媒体优势，向社会广泛宣传防范网络电信诈骗安全的知识。如可以利用学校的官方微信公众号、微博、学校官方网站定期向大家推送相关的教育材料；还可以利用微电影大赛、微型话剧活动，创设话题，吸引广大学生积极参与，并进一步增强宣传教育活动和青少年的互动，使青少年能够在轻松愉快的教育气氛中获取到实实在在的知识。① 通过宣传教育活动，让青少年进一步了解网络电信诈骗的形式、手段、特点和危害，提高他们的自我防范意识，切勿因为贪图小利而陷入骗局之中。

2. 网络诈骗预防教育，除了学习与网络诈骗有关的知识外，还要加强对青少年开展思想政治、法制教育。教育广大青少年在其日常的学习、生活中一定是要勤奋踏实、求真务实，切莫盲目地贪图小利或者是相信不劳而获，从而给不法分子提供了可乘之机。降低与诈骗者接触的可能性，是避免上当受骗的重要方法。② 再比如，网络刷单本身也就是一种违法行为，在我们遇到"刷单""刷信誉"等各类网络兼职违法广告时，我们就需要时刻引起高度警觉。不要轻易地抱着"轻轻松松赚大钱"的心理，不要轻信任何高额回报，不要轻易点击陌生链接。

二、青少年要从自身做起，提高预防网络电信诈骗的意识和能力

在当前移动通信技术发展如此迅猛的形势下，青少年应该从自己的角度出发，充分调动自身的积极性与主动性，了解各种网络电信诈骗的手

---

① 郭平. 扬州地区高校防范校园电信诈骗调查分析［J］. 盐城师范学院学报（人文社会科学版），2017，36（06）：109.
② 董地. 大学生防范电信诈骗的现状分析及教育对策研究［D］. 南京：南京邮电大学，2018（6）：42.

段、方法，提高个人对网络电信诈骗防范的意识和能力，从而有效预防网络电信诈骗的发生。

1. 在我们的日常生活中，除了积极参与学校的各种相关预防教育活动外，可以充分利用手机、书籍、报纸、微博、微信公众号等传播媒体，借助教师、同学、图书馆等多种资源，广泛了解网络电信诈骗违法犯罪的具体作案形式和措施，积极主动地关注网络电信诈骗的一些相关案件、实施的流程及防范处置办法，了解并且熟练掌握在实际面对诈骗行为的具体应对策略。防范网络电信诈骗，做到"三不一要"，才能尽量避免上当受骗。一个就是不要轻信任何来历不明的骗子电话、手机短信和微信消息；二就是不要向陌生人透露自己和家人的真实姓名、银行卡、短信账号验证码等其他相关个人信息；三是不转账，学习了解银行卡的相关常识，保障自己银行卡内的所有资金安全，决不向任何一个陌生人的账户进行汇款、转账；四是一定要及时向当地警察报案，万一发现自己上当受骗或者亲戚朋友被骗，需要保持冷静，立即向当地公安机关报案，可直接拨打 110 或96110（反网络电信诈骗专用电话号码），并向当地公安部门提供相关诈骗者的银行账号、详细联系电话等交易详细情况，保存好交易证据，如银行转账记录凭证，包括 ATM 机转账凭条、手机银行（网银）转账记录截图、银行汇款流水单，与骗子联络的相关凭证，包括通话记录截图、电话通话详单、短信（如微信、QQ）聊天记录截图，以便公安机关及时止付，迅速开展侦查破案工作。

2. 端正自己的认知，坚决否定"天上掉馅饼""轻松赚大钱"的负面心理，建立良好的心理防线。诈骗行为之所以可以成功，大多是因为充分地利用了被害人的性格弱点，比如迷信、马虎、贪婪、好色、虚荣、投机取巧。普通人都可以说是具有私心的，趋利避害是人的本能。有些人为了追求个人利益，总是试图寻求社会法律规则中的漏洞。诈骗犯罪嫌疑人在设计诈骗骗局时，总是充分地利用人性这一弱点，使人不知不觉地进入了陷阱。我们要避免自己上当受骗，就必须要认清自身的弱点，遵守良好的社会伦理道德底线，洁身自好，保持一身正气，不希望得到不正当的钱财，就可以避免自己上当受骗。①

3. 注意保护好个人资料和信息的安全。在当前互联网迅速兴起和蓬勃发展的大环境下，个人信息很容易被泄露。青少年在日常生活、学习中，不要轻易向他人泄露个人信息，遇到需要注册和登记个人信息的情况，无论是线下还是线上社交网站，都应仔细斟酌，辨别事情真伪。平时在工作中遇到了填写问卷、注册会员、兼职招聘、购物抽奖等情况，常常会出现在我们完全不知情的情形下，将个人信息泄露给他人。个人姓名、学校、工作单位、身份证编号、联系方式、银行卡资料信息、家庭成员资料等这一类型的私人信息，不要轻易地泄露给别人，因为在这个互联网信息化发展的新时代，随意地泄露信息很有可能带来一些不必要的麻烦。

4. 对一些我们不熟悉的信息和事物，勤思考、多提问和质疑。对于突然发生在自己身上的一些事情，采取勤思考、多提问和质疑的心态，不轻易地相信，更不应该贸然地做出一些判断。虽然现代文明社会要求人与人之间诚实守信，但对居心叵测的诈骗者要进行严格防范。对陌生人的主动搭讪要多质疑。主动地搭讪方式包括面对面的交谈，也包括了电话、网络、QQ、微信等间接的方式。那些素昧平生，突然主动找上门来，表现得很积极，本身就显得十分可疑。多一点的质疑，既会使被诈骗者及时地保持清醒，也会使诈骗者知难而退，及时收手停止诈骗行为。另外，对于涉及钱财的问题我们还要多多提出质疑。诈骗者的最终目标就是获得钱财，只要是涉及钱财支出的，就需要认真地分析是否存在诈骗。即便是欺骗者巧舌如簧、骗局设计得天衣无缝，只要搞明白了这个事实，诈骗者也就不能得逞。②

---

① 逯其军. 诈骗过程中的心理活动研究 [J]. 广西警察学院学报, 2017, (30) 5: 50.
② 逯其军. 诈骗过程中的心理活动研究 [J]. 广西警察学院学报, 2017, (30) 5: 50.

三、家长从小培养青少年的安全防范和理财意识

父母是孩子的第一任教师，要从小做好孩子预防网络电信诈骗的教育。在实践中，父母本人就要高度地重视孩子们防范网络电信诈骗知识的学习与教育，也需要高度地关注儿童防范网络电信诈骗的意识与能力。父母对子女的安全教育也需要长时间、多方面的积累。家长们可以利用看报、看新闻、浏览网页、进行情境仿真训练等形式，对青少年进行各种有效的防范网络电信诈骗知识与技能的教育与培养，遇到类似的案例情景可以和孩子一起交流，讨论如何防患于未然。

青少年容易被骗的另一个重要原因是他们的理财能力不足，当这些年轻人有了一定的自由支配资金的时候，就容易上当受骗。比如大学生在刚刚步入大学的时候，很多同学对第一次拿到这么多生活费、学费时爱不释手，想法多多，不会规划使用自己的生活费。其中，不少人一个学期的生活费一个月就花得差不多了，一个月的生活费几天就用完了。所以当自己的钱包都空了，后面的生活也难以维持时候，这就给了诈骗者可乘之机。要想挣的更多钱，急功近利，常常会导致一些人奋不顾身往陷阱里跳。对于使用资金没有合理规划的观念，想快速轻松赚钱，缺乏网络安全意识的人容易成为骗子的目标。

在我国社会经济进步和飞速发展的今天，父母们应该更多地认识和考虑到如何培养孩子们良好的理财意识和理财能力，甚至培养他们良好财商的重大意义。如果不懂得理财，就算金山银山也会有很快用完了那一天。所以，培养和提高孩子们的理财意识和理财能力，比直接留给他们物质财富更为重要。那么家长应该如何引导孩子好好地学习理财，培养他们的理财意识呢。

首先，培养好孩子们树立正确的生活消费观，懂得钱财的来之不易。通过社会实践活动告诉孩子的金钱都是来源于我们的辛勤劳动，让孩子真

正学会自力更生，帮助孩子真正认识到劳动的价值，学会利用他们自己的双手创造财富。父母应该让孩子知道家里收入和家庭支出的情况，告诉他们需要对自己的未来做一个合理的规划。让孩子通过自身的努力买到他们真正想要的东西，他们就会很谨慎"账本"，一段时间后，让孩子拿出来进行分析和统计，如果这段的时间的花费有点不合理，父母可以适当地考虑让孩子自己进行调节。

其次，学会正确合理地花钱，改变孩子支出的不良习惯。通过改变家长给孩子零花钱的不良习惯，我们也可以有效地改变孩子花费的不良习惯。此外，父母还可以自己选择让自己的孩子做一天家长的办法，这样他们就有机会更多地了解到，一个家庭如何合理生活和正常运转，钱财又是怎样正常流动的。家庭财务开销庞杂，在正确付款和合理支出之前，他们就会做一些主动的理性思考。家长还可以从小开始培养孩子如何花钱买一些东西，如何购买物美价廉的各类商品，引导他们合理地进行消费，制订自己的日常消费活动计划。同时要鼓励儿童做好记账，养成良好的理财习惯。

第三，学习积累，训练孩子自己存款的意识。当孩子想要为自己购买一件心仪已久的一件贵重的物品时，父母就可以直接跟他讲，将这些零花钱直接储存起来，能使孩子体验到积少成多的成就感，又能使孩子在体会到有选择性消费价值。

第四，走进银行，适度地积累自己的理财实践经验。每年孩子们接收到自己的压岁钱后，鼓励孩子把自己的钱都集中起来储蓄，存款最好是选择一年，到期后就要陪着孩子把钱取出来，故意让他们仔细地核算一下银行给的利息是否正确，让孩子知道货币的时间价值和钱能生钱的道理。同时，告诉孩子今年压岁钱再加上取出来本金和利息，放在一起再存一年收益会更高。

第五，家长要以身作则，父母的态度和行为很重要。培养儿童正确地使用金钱的观念，最重要的一点其实还是家长对金钱的态度。父母是孩子的第一任教师，父母的言谈举止以及观念往往会在无形中给孩子的成长带来巨大的影响。因此，父母要常常认真地思考自己的语言、行为是否会给孩子带来负面影响。如果父母想要使孩子们真正地达到自己的教育期望值，首先就需要家长本身的行为与态度具有说服力。通过儿童理财教育，树立理财意识，养成良好的理财习惯，形成正确的金钱观与价值观，为孩子以后进入社会做好充足的准备。

四、全社会齐抓共管，合力预防诈骗犯罪

网络电信诈骗涉及的范围广、部门多，只有充分发挥社会多方面力量的作用，多管齐下、标本兼治，才能建立起打击网络电信诈骗犯罪的坚强力量，保护青少年的生命财产安全，为各级各类学校创造和谐稳定的社会环境。

首先，加强法制建设，完善网络犯罪立法。国家立法部门应该尽快出台相关的法律法规，切实地保障网上交往安全和个人资料得到有效的保护。同时，严厉打击个人信息贩售黑色产业，对个人信息泄漏行为进行严厉惩处。其次，加强了对互联网虚假商品消费服务信息的综合监管和依法查处。国家利用互联网大数据成立家级别的反诈骗平台，统筹全国各地电信、互联网运营商的通讯数据，涵盖国内和全球的国际电话，研发诈骗电话的智能化识别系统，构建基于互联网大数据的综合性防治诈骗服务体系。再次，加强民众反诈骗宣传教育。各职能部门可以利用广播电视、报纸杂志、微信公众号、网络等媒介，图书馆、文化馆、科技馆等文化场所，开展诸如专题讲座、咨询交流、研讨座谈、展览展示、文艺演出等形式的教育培训活动，为全社会开展反诈骗教育宣传。①

---

① 董地. 大学生防范电信诈骗的现状分析及教育对策研究［D］. 南京：南京邮电大学，2018.

　　总之，只有通过构建起学校、个人、家庭、社会四位一体，相互协调联动的网络诈骗和预防机制体系，道德、法律、科技等方面共同努力，才能彻底遏制网络电信诈骗犯罪的高发态势，保护人们使用电信、网络中的合法权益，确保电信网络环境的安全性和有序性。

第五章

青少年网络成瘾及预防

随着移动互联网与移动通信技术的迅猛发展，移动网络正以惊人的速度向社会生活各个领域渗透，并改变着人们的生活、工作乃至思维习惯与行为方式。敏感好奇且易于接受新生事物的青少年一代更是首当其冲。网络是一把双刃剑，虚拟的网络世界给青少年学生带来了丰富的知识信息和心灵的挑战与愉悦，但与此同时，网络中大量的信息垃圾、游戏等消极因素也正无情地吞噬着自控能力、识别能力不强的青少年学生。青少年沉溺于网络、沉迷游戏的现象越来越严重，加强青少年网络成瘾的研究迫在眉睫。如今青少年网瘾问题已成为全社会普遍关注的问题，值得我们去思考。

第一节　青少年网络成瘾概述

《第 49 次中国互联网络发展状况统计报告》相关数据分析显示，截至2021 年 12 月，我国网民发展规模已经到达 10.32 亿。12~16 岁的青少年是网瘾高发人群。虽然目前尚缺乏大样本流行病学调查数据，但既往研究显示，游戏成瘾的流行率约为 0.7%~27.5%。中国科学院院士、北京大学第六医院院长陆林认为，有统计数据表明，全世界范围内青少年过度依赖网络的发病率是 6%，我国比例接近 10%。可见，网络成瘾已经成为影响青少年健康成长的重要问题。①

一、网络成瘾概述

成瘾，英文表述为 addiction，指的是一些个体强烈地或根本不可能自制地反复地或想要滥用某种药物或进行某些活动，虽然都知道这些社会活动带来各种不良后果，但仍然无法得到有效控制。有些成瘾者多次努力地去尝试改变，但是却屡遭失败。主要是在个体易感因素的催化下反复从事，由外部行为刺激而引起大脑内部生理状态失衡导致。表现为对成瘾物质或行为有强烈渴求或冲动感，减少或停止会周身不适、烦躁、易激惹、注意力不集中、睡眠障碍等。近年来，学者们越来越倾向于通过非物质相关障碍来研究成瘾的本质，认为成瘾的核心要素是对一种行为的控制能力受损，具有心理依赖性和不同程度的躯体依赖。

（一）网络成瘾的概念

互联网通讯技术的飞速发展，开拓了青少年的视野，给他们的学习、工作、生活带来了前所未有的便捷。但青少年在享受网络带来的好处时，也面临着各种困惑和问题，使得不少青少年在网络世界里不知不觉深陷其中。现如今，网络成瘾已经成为严重的家庭和社会问题，引起了世界各国不同领域的专家学者的高度关注。

最早提出网络成瘾症（Internet Addiction Disorder，IAD）是美国精神病学家伊凡·戈登伯格（Ivan Goldberg）。戈登伯格认为网络成瘾是一种病理性网络使用（Pathological Internet Use，PIU），是因为网络过度使用而造

---

① 姚晓丹. 什么是"网络成瘾"？权威判定标准来了［EB/OL］. 共青团中央百家号，2018-08-27.

成沮丧，或是身体、心理、人际、婚姻、经济或社会功能的损害。而美国学者金伯利·杨（Kimberly Young）博士认为，网络成瘾涉及广泛行为与冲动自制等问题，在性质上与病理性赌博极为相似，是一种冲动控制障碍。因此，她将网络成瘾定义为一种没有涉及中毒的冲动控制障碍，也就是病态网络使用。目前按照世界卫生组织定义，所谓网络成瘾症（IAD），是指由于过度地使用网络而导致的一种慢性或周期性的着迷状态，并产生难以抗拒的再度使用的欲望。同时会产生想要增加使用时间、耐受性提高、出现戒断反应等现象，对于上网所带来的快感会一直存在心理与生理上的依赖。①

2008 年，由原北京军区总医院成瘾医学科陶然教授团队制定的《网络成瘾临床诊断标准》将网络成瘾定义为：个体反复过度使用网络导致的一种精神行为障碍，表现为对网络的再度使用产生强烈的欲望，停止或减少网络使用时出现戒断反应，同时可伴有精神及躯体症状。判断网络成瘾必须结合时间标准（即处于非工作学习目的每天上网 6 小时以上）、病程标准（即以上上网状态持续 3 个月以上）及社会功能（即学习、工作和交往的能力）是否因为长期上网而受损来综合考量。②

根据《中国青少年健康教育核心信息及释义（2018 版）》，网络成瘾指在无成瘾物质作用下对互联网使用冲动的失控行为，表现为过度使用互联网后导致明显的学业、职业和社会功能损伤。③

虽然关于网络成瘾的界定大家存在一些差异，但核心内容基本一致，都认为网络成瘾是对网络的过度的、非理性的使用，由此会带来社会功能

---

① 陶然、应力、岳晓东，郝向宏. 网络成瘾探析与干预［M］. 上海：上海人民出版社，2007：6-8.

② 邓验，曾长秋. 青少年网络成瘾研究综述［J］. 湖南师范大学社会科学学报，2012（2）：89-90.

③ 邵云云，等. 青少年网络成瘾成因结局及干预效果［J］. 中国学校卫生，2020（41）2：316.

的受损，如学业失败、睡眠障碍、躯体疾病、工作时精神状态不佳等，如果停止使用网络，会出现不良的身体、心理反应，表现出对上网行为的依赖和沉迷。

（二）网络成瘾的临床表现①

1. 网络过度使用

正确合理地使用网络，是在自己有需求的时候才进行使用，或者在对自己的生活方便的时候才能够使用。网络的过度利用者主要表现在一种非常不自主地长期、强迫地使用网络。过度使用互联网者会表现出轻度上瘾的倾向，个体使用互联网的频次和时间都已经远远超出了正常的范围。他们使用网络不是为了更好地进行学习和享受自己的工作，网络生活占据了大部分的业余时间，导致个人的学习与生活和网络生活逐渐失去其原有的平衡，从而导致在学习和工作时注意力不能够充分集中、易疲劳、困倦、无精打采、效能明显减低，严重时会出现有旷课、旷工，并对其他日常生活和社会中的人际交往产生一定的影响。网络过度使用往往会受到别人的批评，甚至因此与自己的家庭成员或者是亲戚朋友之间产生冲突；个体在实践中对上述危害尽管有所认识，但依然会继续使用。需要特别注意的一个问题是，"过度使用"在临床中不应该同时伴有戒断的症状（即在停止上网后出现各种特殊心理和生理疾病的症状群，表现为焦躁不安、失眠、血压升高、心律不齐、流泪、出汗、震抖，甚至可能是虚脱、意识的丧失等），否则应考虑为网络成瘾。所以当过度使用网络给自己的身体带来了伤害、对自己的工作、学习和其他社会人际交往带来痛苦，甚至正常的生活和交往都受到了影响，就属于过度的使用网络，应该及时进行纠正。

2. 网络成瘾（重度）

网络成瘾是一种具有特殊性的药物临床表现，往往会伴随着身心、肢

① 陶然. 中国青少年网络成瘾预防手册［M］. 北京：北京联合出版社出版，2013：144-146.

体和精神等症状。

（1）特征性临床表现

患者对于计算机网络的使用具有极大的兴趣和渴求，不论他们是在学习、工作或者日常生活中，都经常在他的脑海中反复地回忆着与计算机网络密切相关的情境，并且期盼着他们下一次的上网。这些病人往往是能够从其上网的开始到整个阶段过程中，能深刻地体会到强烈的愉悦和精神上的满足感，并为了能够始终保持这种强烈的愉悦和精神上的满足感，而不断地增加其上网的实际使用时间和上网资金投入程度。随着上网时间的延长，患者逐渐地失去了其对网络使用的自控能力，驻足于使用网络的时间也变得越来越多，可以由原来的几天上网一次，发展到每天上网几个小时，最终达到连续几日都在网络上；当突然减少或暂时地停止使用网络时，病人会开始出现烦躁、容易被激怒、注意力不够集中、睡眠功能障碍等，严重的甚至还很有可能会出现冲动、攻击、毁坏他人的物品等行为；部分病人甚至可能会通过选择与网络类似的传播媒介，如电视、游戏机来有效地缓解上述网络戒断不良反应。戒断反应的持续存在和不断地出现也极大程度地加剧了患者对网络的渴求程度，患者也常常为了避免戒断反应的再度发生而更加沉迷于网络、难于脱离，致使上网日渐成为一种固定的行为模式，甚至日常行为均局限在网络上，从而减少或放弃了从前的兴趣、娱乐及其他重要的活动，患者会对自己的家人或朋友隐瞒上网的真实时间和沉迷于网络的程度，网络的危害意识在其内心逐渐减弱，发展到无视家人和朋友的任何劝告，为能够上网和延长上网时间而想尽一切办法，包括说谎、旷课、旷工、偷拿家人钱财等。在家人眼里，患者变得冷漠、无情，丧失了对自身及他人的责任感。此时患者完全不考虑网络给其自身带来的诸多不良影响，终日沉迷于网络，甚至废寝忘食。

个体从网络正常使用，经网络过度使用到网络成瘾需要经历一定的发展过程，鉴别要点见表5-1：

表 5-1　网络正常使用、网络过度使用、网络成瘾的区别

网络使用情况	上网的原因	上网时间及频率	网络与现实生活关系	学习、工作等社会功能
网络正常使用	好奇、愉快、缓解紧张或疲劳	适当	平衡	未受影响
网络过度使用	沉迷	上网时间过长	失衡，上网占据大部分业余时间	受损
网络成瘾	避免戒断反应的出现：强烈的上网渴求，上网行为不可遏止	反复、长时间上网	严重失衡，上网占据生活中的主导地位	明显受损

（2）伴发的躯体症状

比较常见的躯体症状是：食欲明显下降、胃肠道消化功能障碍、营养不良、睡眠节律功能失调以及疲乏无力、心慌胸闷等多种类型植物性神经功能紊乱。因长期注视计算机或平板电脑显示器，注意力过于集中、眨眼的次数大大减少，会直接引起视疲劳、眼睛干涩、胀痛、视物模糊、视力下降，甚至出现视屏晕厥现象（瞬间一过性黑蒙，即突然眼前一黑看不见东西，但瞬时间症状就会消失，可伴有恶心、呕吐。）。长期操作电脑可导致腕关节综合征（鼠标手）、偏头痛、颈肩疼痛及颈椎病，并增加了诱发过敏性疾病及癫痫的风险。

（3）伴发的精神症状

由于过多地沉迷于网络（尤其是一些网络游戏），致使患者现实检验功能受损，不能从基于互联网的"虚拟刺激场面"和"高等级身份"中完全脱离出来，可能会出现自信心不断增强而膨胀、自我评价过高等高涨情绪反应；而且在网络游戏当中的一些失败和死亡的情绪刺激性场面都会对这些患者造成很大的心理影响，引起恐怖、害怕的情绪体验，甚至经常担心有不祥的事情降临等；部分严重精神病患者几乎被社会现实完全隔离，

可能还会出现短暂的现实解体、甚至是妄想。同时，过度地使用网络常常导致家人或朋友的强烈反对和严厉批评，致使个体对现实生活产生严重的不适应感和无法融入感，出现悲观、沮丧、对未来失去希望等低落情绪体验，但上述症状并不会减少患者使用网络的行为，相反，患者往往会通过上网来缓解上述不良情绪；而且患者在戒断期也容易出现抑郁情绪。

上述精神症状通常具备以下特点：

①出现于过度沉迷网络之后，持续时间较短，随着网瘾的戒除而相继减少或消失；

②症状内容与患者接触的网络内容紧密相关，症状的变化受网络内容和患者人格特点的影响；

③症状的出现不会减少患者使用网络，却恰恰体现了网络成瘾已达到较为严重的程度。

现实环境对成瘾行为具有强化作用，当网络成瘾患者面对现实生活的压力或轻度应激事件时，会出现上网行为增多、依赖网络程度加重、上述精神症状的出现也会相应频繁。现实环境和网络环境对个体造成的影响是错综复杂的，部分患者受网络环境的影响颇深，虽已长时间摆脱网瘾，却形成了牢固的认知及行为上的偏差。

3. 与网络成瘾相关的其他精神障碍

网络成瘾的病患经常都会伴随着出现其他一些身体心理上的障碍，如网络游戏所特有的挑战性和逼真特征为人们提供了一个无穷的想象空间，但也给我们的生活方式带来了诸多的暴力和虚幻，使许多的网络成瘾患者模糊了现实和网络虚拟世界之间的边界，形成并巩固了其他不良行为方式。在摆脱网瘾的同时，经常说谎、不听从父母或者老师的指示、违反学校的纪律、反复逃学、打群架、离家出走等各种品行障碍的问题。同时，网络的匿名性和回避现实性也极大地固化了患者社会适应不良的模式，可能导致人格障碍，尤其是回避型人格障碍，表现为遇到困难和挫折时对他人过分依赖、自卑，需要被人喜欢和认可，对拒绝和批评过分敏感，无法适应现实生活，对社会活动和以往的朋友采取回避态度，变得孤僻、多疑、情绪不稳等。

长期沉迷于网络还很容易导致各种心境障碍，如对自己的学习及工作生活前途常常感到悲观、自我评价太低、情绪低落、对自己做对的事情毫无工作兴趣及愉快感明显下降，常常还会感到周身疲惫、倦怠。部分患者由于与人的交流相对过少，加之在摆脱了网瘾后，现实中的世界和网络虚拟世界相互脱节，逐渐变得害怕与人交往、担心在别人面前出丑、回避社交活动，导致社交恐怖症。有少部分患者因上网引起的偏头痛、消化功能不良及自主神经功能紊乱等症状迁延，尽管个体戒除网瘾后，在以上症状的基础上出现敏感、多虑、烦恼、过分担忧自己的身体、易紧张、易疲劳、做事犹豫不决及睡眠障碍等神经衰弱症状。此外，注意力缺陷障碍（多动障碍）和物质依赖也是网络成瘾较常见的共患疾病。需要指出的是，上述精神障碍的出现，通常与患者的个性特质、生长环境、疾病严重程度密切相关。

（三）青少年网络成瘾的危害

青少年一旦上网成瘾，就有机会把自己上网当成生活的中心，忽略了现实生活中的各种社会活动，对自己的体力、心理、学习、社会交往都造成了巨大的危害，并且还会引发一系列的社会事件。

1. 对网络产生强烈的依赖性，对其他事情失去兴趣

这些网络成瘾者通常表现出对互联网络的极度痴迷，对网络有着严重的心理依赖，上网时间严重的失控。他们的心理和行为被上网这一活动所支配，上网已经慢慢地演变成其主要的心理需求，上网消耗的时间和花费精力所占的比重逐步增加，进而直接导致个人内部的生物钟紊乱。即便意识到这个问题已经越来越严重，但还是会继续这样，欲罢不能。一旦不能正常的上网，会体验到强烈的上网欲望，甚至会产生烦躁不安、忧郁、兴

趣索然、疲惫无力、容易冲动、自我心理评价能力下降等不良情绪，及相应的生理和行为反应等戒断症状，上网后情况好转。上网使他们的日常生活中的质量明显下降。

2. 过度迷恋网络导致情感淡漠

网络上的成瘾者与网友关系很好，相比之下，他们对有着鲜明血肉关系的父母和亲人则会变得更加冷漠。他们整天窝在家里，一个固定的姿势打着游戏，与家人没有交流，甚至叫他们一起出去玩，一起出去吃饭都不愿意。对他们来说只有打游戏这一件事情是重要的，其他的事情都觉得没有意思，都没有手机好玩。网络成瘾者在感觉到情绪状态低落时也没有向自己的朋友、家人表露，把自己的各种心理情绪都隐藏起来，转而通过网上的活动进行各种情感倾吐和各种情绪宣泄，并以上网为主要途径来排解、调控自己情绪的一种手段和方式，逃避了现实生活中的烦恼与情绪。另外，网络成瘾者由于家人对其上网的限制而与家人时常发生冲突，导致青少年家庭观念薄弱、亲子关系受损、亲子冲突和矛盾加剧。

3. 影响身体、心理健康发展

网络成瘾还可能会导致青少年的身心健康受到严重威胁，很多青少年从迷恋手机游戏、网络以后，上网没有任何时间上的限制，没有姿态上的限制，日常的学习、工作和生活中的规律完全被网络直接打破，对很多青少年的身心健康造成了严重危害。在心理方面，容易使现实生活中的自我造成个体迷失，生活中的幸福感降低，孤独感不断增强，形成现实生活中的低自尊人格，最后导致个体心理功能损害。此外，沉迷网络还容易让青少年出现各种心理障碍，如注意力涣散、自控力下降、性格极端、易怒、焦虑、自卑、强迫行为和自杀行为。

在生理方面，网络成瘾青少年的肾上腺素分泌水平异常明显提高，交感神经兴奋，血压急剧升高，身体也很有可能因此发生一系列复杂的生理变化。如中枢神经功能紊乱、体力活动功能明显下降、体内激素水平失衡、自我免疫功能减退、视力过度近视、腱鞘炎（鼠标手）、颈椎病、神经衰弱等。如果不积极地加以适当的克制，就很有可能会严重影响到正常生活，导致青少年身体也越来越虚弱，身体健康也严重地损伤，影响他们一生的幸福。

4. 因为沉浸在网络中而不喜欢学习，导致了学习成绩的下降

人的工作时间和精力都是有限的，网络上的成瘾者因为需要花费大量的人力和时间在使用网络上，没有足够的时间去从事研究和学习，造成了学习效率不断下降。迷恋于网络者因其把大部分的时间和精力都用在了互联网上，从而使得他们不能充分地集中注意力去听课，没有足够的时间参加预习、复习功课，作业也不能按期顺利地完成，从而直接引起他们的学习成绩下降，引来了同学、教师，甚至是家长的轻视，这样又进一步地促使他们在网络上找到解脱和获得自我释放，最终导致他们缺乏自主学习，甚至到处旷课、逃学、退学。

5. 青少年网络成瘾会引发一系列的社会问题

互联网给青少年的人生观、价值观、世界观形成了潜在的威胁。互联网上信息的形式和内容都十分丰富但是很复杂，良莠不齐，青少年通过互联网时所能够接触到的消极思想会使他们的价值观产生倾斜，造成他们个性放纵，法律意识淡薄，道德观念欠缺，人生观、价值观的扭曲，在潜移默化中形成青少年不良的人生观。游戏里面的游戏规则和现实里的游戏规则是不一样的，游戏里面往往用暴力的形式、冲动的形式来解决问题，青少年在长期上网以后，受到游戏里面游戏规则的影响，在处理现实中的一些矛盾、一些冲突时，就会用暴力冲动来解决问题，很容易就出现一些伤人事件或自伤的事件。

因为青少年没有社会工作能力和条件，他们没有办法赚钱，上网是需要钱的。为了能够及时筹集自己上网的资金，他们甚至会不惜花掉自己的学费、生活费，有的四处借款，严重者会出现一些危害社会的行为，如偷

窃、抢劫、绑架等触犯刑律的行为。

二、网络成瘾分类

网络成瘾根据成瘾者使用网络的主要目的及信息内容分为网络游戏成瘾、网络色情成瘾、信息收集成瘾、网络关系成瘾、网络赌博成瘾、网络购物成瘾等，其中网络游戏成瘾最为常见。①

1. 网络游戏成瘾

网络游戏成瘾通常被认为是指沉浸在不同形式的网络游戏中，体验到刺激、惊险的游戏过程，获得成就感和自我的价值感。无法抑制地长时间玩网络游戏，已经被视为是青少年网瘾比较常见的现象。很多互联网网络用户上网的主要是为了网上进行游戏或者娱乐。如果说当今的这些网络关系成瘾的一个根本原因是为了能够更好地满足爱与归属感的需求，那么，网络游戏成瘾的青少年应该更多地在努力追求一种成就感和自我价值感。我们可能会发现，过于沉迷网络游戏可能会让更多的青少年在认知信息的方式和渠道上发生严重扭曲，大脑也好像是完全接受了网络编辑的应用程序那样，长时间的网络游戏文化已经渗透到了青少年的各种思想、语言和行为中，从而促使他们在许多方面都逐渐变得趋向游戏化，导致他们在虚拟的世界中所呈现出来的各种表情呆滞、容易冲动和愤怒的行为特点。

2. 网络色情成瘾

网络色情成瘾通常指沉溺于成人话题的聊天室和网络色情网站，或沉溺于网上虚拟性爱等活动。网络色情往往表现为：上网者沉溺于网络上的色情内容，包括色情文字、音乐、图片、影像、网络性爱等而不能自拔。网络的易介入性和直观性，使得网上色情的信息随处可见，无论是有关聊天的网站，还是成人电影网站都可以看到有关色情的话题、图片与信息。

---

① 国家卫生健康委员会. 中国青少年健康教育核心信息及释义（2018 版）［EB/OL］. 绍兴市卫生健康委员会，2019-06-26.

3. 网络信息成瘾

网络信息成瘾指强迫性地浏览网页以查找和收集对自身学习、生活并无实际意义的各类信息，并实施强迫、偏执性的"快餐式"阅读。由于网络中各类信息的分布多、数量巨大、良莠不齐，让很多年轻人感觉到自己在面对浩瀚如海的网络信息时常常手足无措，只能被动地去接受。即便是一些相对比较好的信息已经进行了分类整理，但是人们也很难从经过分类筛选整理的信息中轻松就能获取，大约60%~80%的年轻人并不能在网站上搜寻到想要的相关信息。心理学家在分析信息成瘾对青少年学习的影响时发现，他们经常注意力分散、动机缺失、性格易怒等。

4. 网络关系成瘾

网络交往所具有的隐匿性、不被时空所限制等特征，这就使不少人觉得网络沟通相对于现实的沟通要容易一些，尤其是一些有社交障碍、失恋、孤僻的人，更加愿意去互联网寻求精神上的慰藉。网络关系成瘾者一般都是沉迷于通过网络聊天的方式接触来认识朋友，进行社会交往，以女性占多数。他们每天都要花费大量精力和时间，利用各种网络聊天软件以及网站的聊天室与他们的朋友进行人际沟通和信息交流，过分地迷恋通过网络上的人际交往建立彼此的友谊和爱情，并用这种人际交往关系替代现实生活中真实的各种人际关系。网上的这些朋友逐步变得比现实生活中的家庭成员、朋友或者是同学更为重要。在该类型的网络社交成瘾者当中，网上的交友和恋爱给他们的各种心理行为带来的巨大的心理影响，远远超出了现实生活中的朋友和家人可能产生的心理影响。

5. 网络购物成瘾

网络购物成瘾通常是指一种无法抵御的强烈冲动，沉迷于网络上的任何交易、购物等而又不能自拔。网络发展最迅速的就是其商业用途，网上商场、电子书店等都占据了一定的位置。网上购物因为价格低廉、方便，可以买到很多商店买不到的商品，而且网上的购物方法很新潮。在网络成瘾的人中，许多人习惯在网络上进行购物，部分人随意地将家里的银行卡或存折账号告诉互联网上的商家。这好像也从另一个角度说明了他们更多地信赖网上人际关系。

6. 网络赌博成瘾

网络赌博通常是由一些违法人员在网络上进行虚假宣传，来诱骗一些人来投入资金进行赌博，这是一种违法的行为，具有欺骗性和危害性。有的人因为想急于改善自己的经济状况，或者不了解网络赌博，不知不觉对网络赌博上瘾了，深陷其中，经常尝试戒赌但从未成功，形成一种无法停止赌博的病态表现。

三、青少年网络成瘾的判断标准

对网络成瘾的临床诊断和鉴别，并没有一套公认的标准，美国著名精神病学家金伯利·杨认为，病态性成瘾赌博的临床诊断标准最接近于网络过度使用而产生的病理性特征，经过研究和修订，形成了网络过度使用诊断问卷。这份调查问卷共设计了 10 个题目，在每日上网时间超过 4 小时的前提下，如果下面 10 个问题的答案有 5 个或 5 个以上是肯定的回答，就可以被判断出是网络成瘾。①

1. 你是否对网络过于关注（如下网后还想着它）？

2. 你是否感觉需要不断增加上网时间，才能感到满足？

3. 你是否难以减少或控制自己对网络的使用？

4. 当你准备下线或停止使用网络时，你是否感到烦躁不安、无所适从？

5. 你是否将上网作为摆脱烦恼和缓解不良情绪（如紧张、抑郁、无助）的方法？

---

① 新浪新闻中心. CCTV《实话实说》：网络成瘾是心理疾病？ ［EB/OL］. 新浪网，2003-09-12. https：//news. sina. com. cn/s/2003-09-12/12251730257. shtml

6. 你是否对家人或朋友掩饰自己对网络的着迷程度？

7. 你是否由于上网影响了自己的学业成绩或朋友关系？

8. 你是否常常为上网花很多钱？

9. 你是否下网时感到无所适从（如烦闷、压抑），而一上网就来劲？

10. 你上网的时间是否经常比预计的要长？

另外，根据《中国青少年健康教育核心信息及释义（2018 版）》的标准，在无成瘾物质作用下使用互联网冲动失控，导致明显的学业、职业和社会功能损伤。其中，持续时间是诊断网络成瘾障碍的重要标准，一般情况下，相关行为需至少持续 12 个月才能确诊为网络成瘾。[1]

第二节　青少年网络成瘾预防及干预

现如今网络成瘾，尤其是游戏成瘾似乎成了洪水猛兽。不少的青少年因为对网络游戏的迷恋而导致考试成绩大幅度的下降，亲子关系、师生关系紧张。网络成瘾似乎成了孩子们成长路上的"绊脚石"，成了教育者们的眼中钉。无论在家庭还是在学校，玩游戏成了一个摆在老师和父母面前的大难题。在日常生活中，很多的成瘾者常常都会因为自己的停滞不前而产生一种自责，因为这种停滞和成瘾的情绪已经消耗了大部分的人力时间和精力，在片刻地感觉到需要得到了满足后，总会让人感觉无穷的恐怖。成瘾，实质上是一个糟糕的感觉——麻痹痛苦的恶性循环。所以，它虽然不会危害生命，但一定会降低生命的质量。成瘾现象的背后有什么原因呢？如何有效应对成瘾行为呢？

---

[1] 国家卫生健康委员会. 中国青少年健康教育核心信息及释义（2018 版）[EB/OL]. 绍兴市卫生健康委员会，2019-06-26.

一、青少年网络成瘾原因解析

造成青少年网络成瘾的原因有很多方面，一般都可以划分为外在的因素和内部的影响。外在的影响因素主要集中在社会环境和家庭教育，社会环境主要包括网络游戏的流行、网吧的兴起、社会监管机制的不健全等；家庭教育涉及家庭环境和父母对孩子的教育方式，家长由于忙碌的工作而无法去管理自己的孩子，从而导致他们对互联网产生了依赖。但是外部的因素仅仅是被动的因素，是形成网瘾的一个诱因，其根本原因还应该是内部的因素，包括网络成瘾者的满足感缺失、自我控制能力不够等。

（一）青少年自身的原因

1. 自我控制能力不够，意志品质不够坚定，无法抵御各种电子产品的诱惑，这是很多青少年沉迷网络游戏的主要原因。青少年未能形成完整稳定的世界观、人生观和价值观，对新鲜事物好奇与探究的欲望十分强烈。少数人经受不住其他玩家的蛊惑、宣传，在猎奇心理的驱使下，往往因为自制力薄弱而深陷其中。

2. 学习生活中获得的成就感、满足感不够。大部分网络成瘾者会出现学业失败，从而导致心理空虚、缺乏自信，通常会选择逃避学习或其他班级或社会活动。他们为满足自己的内心对成就的渴望，最容易在虚拟的网络世界中重新找到失去的自我和可以满足的成就感，这就是典型的满足感缺失补偿心理。

3. 孤独、焦虑、抑郁等心理因素导致。自卑、沟通和社交能力低的青少年，容易使他们难以与别人建立良好的人际关系，在社会生活中可供交流的朋友相对较少，心理的孤独感出现后，就容易在互联网中寻找慰藉，如网络交友、网络游戏等。有的青少年因为内心压抑、焦虑、抑郁，将打游戏或其他网络活动作为缓解心理问题的重要手段，通过玩游戏等网络虚拟活动得到宣泄和释放，在虚拟世界获得存在感。

4. 青少年童年的玩伴太少，跟小朋友的交往机会不多，就容易生活在虚拟的世界中，沉迷于虚拟的网络世界，如电子游戏。有的青少年自己的兴趣爱好不够广泛，学习之余消遣的工具和方式不多。或者亲近自然环境的机会少，难以体验到大自然的美妙和乐趣，所以就喜欢宅在家里很少出门，把电子产品当作陪伴自己的玩具。

（二）家庭教育环境的功能缺失

1. 家庭规则意识不强，规则执行不到位。随着网络通信技术的快速发展，现在每个家庭都有很多种电子产品，青少年很容易利用这些产品接触到各种各样的网络服务，如游戏、交友、发视频等。父母没有给孩子确立适当的电子产品使用规则，比如每天可以玩几次、玩多长时间、什么情况下不能玩等。父母对孩子玩电子产品的时间没有限制，或者限制太少，孩子爱玩多久玩多久，最终导致孩子网络成瘾。还有的家庭虽然建立了玩电子产品的规则，但是往往执行不到位。比如当孩子超过了玩游戏的时间，不让孩子玩的时候，孩子经常会要求父母再玩几分钟，有的父母就很容易让步，这样就导致建立的规则形同虚设，起不到约束的作用。另外，一些家长在孩子做完作业或者考试考的好的时候，也会把玩网络游戏当成给孩子的奖励，其实这样也不一定是可取的。因此，家长要在生活中充分发挥电子产品的其他功能，比如学习、听课、聆听音乐等功能，别让儿童误以为电子产品只是一种可以被用来玩游戏的工具。

2. 父母等家庭成员积极榜样的作用未能充分发挥。父母往往被视为孩子的第一任教师，而儿童对父母行为方式的模仿是他们学习的一个主要途径。有的家长自身未能做好榜样，喜欢玩电子游戏，随时都在看手机，这对孩子来说本身就是不良的榜样。不良榜样指的是家长自己也花很多时间沉迷于网络，孩子在做作业，家长就会在一边玩着手机。有的家长一边对孩子说手机游戏是电子海洛因，一边自己正开心地吸着。这样不良的榜样会让孩子觉得，打游戏才是最有趣的事情，上课、学习没有什么意思。久而久之，他们会变得很自卑，也不愿意与其他的同学进行交往，只希望能够回家与其他的人共同玩游戏。因此，父母等其他家庭成员要为孩子营造一种积极向上，乐于学习的良好家庭环境。

3. 父母与孩子之间沟通较少，亲子关系不理想。很多青少年都说自己在进入青春期的时候，有一种很强的叛逆心理，有着回避家长监督的意识，对新鲜东西充满了好奇，网络是最好的一种可以躲避监督的环境，所以许多人容易把自己隐藏在网络当中，在虚拟的条件下跟别人进行交往、玩游戏等方式来躲避父母的监视。所以家长要培养和孩子进行多交流沟通的习惯，在孩子上网过度严重的情况下，如果采取强硬的办法去抢夺智能手机等互联网设备，只会让亲子关系雪上加霜。最好的方法就是通过采取一些积极主动的风险防范措施，给他们提供很好的平台和机会，建立更强的生活信念和目标，这样他们才能够很好地调节自己的情绪，从而合理地使用网络，真正地消除网络成瘾的问题。

4. 不良的教育方式。教育方式的缺陷与青少年迷恋网络有很大的关系，有很多青少年在家庭不能获得温暖与爱，遇到挫折时也不能在父母那里获得支持与鼓励，转而把网络游戏当成重要的伙伴，获得安全感与爱的需要。有的父母能够陪伴孩子的机会太少，各种家用电子产品不知不觉中就已经成为孩子的伙伴，代替父母对孩子的陪伴。还有一些家长甚至用手机带孩子，让孩子自己看动画片，这样的孩子更容易沉迷于网络。因此，想要从根本上消除孩子网络成瘾的问题，就需要先从家庭教育入手。这就需要家长从根本上转换自己的教育观念和传统的教育技巧，给予孩子足够的陪伴以及足够的心理营养。如果没有家长的努力改变，孩子的网瘾也很难改变。

（三）欠缺监督的社会环境

青少年沉迷于网络游戏，与相关的互联网及周边产品服务企业缺乏有效的监管也有一定的关系。与网络发展相适应的管理体制滞后，对网络环境的净化和监督力度不足。有的互联网企业，如游戏开发商、聊天交友软件开发者，只考虑盈利目的，忘记了自身的社会教育责任。部分网站、网吧经营者和程序制作者为牟利不惜侵蚀青少年身心健康，甚至默许未成年人进入。一些游戏、网络直播、短视频商家，在入口端缺乏有效的监管，低龄化现象很严重，甚至有些小学生还拥有抖音、直播微信号等。实际上，尽管一些服务商已经设置了一些防护系统，但是却收效甚微，因为对于入口端的防护管控工作不到位，孩子们多开几个账号或者使用虚假身份信息，就已经可以避开这些管控。

（四）学校教育因素

1. 学校重点关注学生的学习成绩比较多，对学生心理健康问题关注度不够。学校是除了家庭外，青少年接触时间最长的外部环境。许多学生因学习成绩不好、人际关系敏感等现象产生自卑的心理，也有一些学生因为学业压力太大，在网络上寻找放松，从此一发不可收拾。

2. 网络安全教育工作不到位。学校为了应对青少年的网络成瘾，往往从方便教育管理的角度来考虑，"禁"字当头，网络安全相对比较缺乏。每到寒暑假，学校都会对孩子们进行一些安全知识的宣传，如出去游泳、骑行、交朋友、防火和防盗这些生命财产的各种事情，但是网络安全却很少有人被涉及。

（五）网络的魅力

青少年沉迷网络、迷恋游戏，也与网络服务，尤其是游戏的魅力有关。游戏中美丽的画面、有趣的情节、精彩的内容比枯燥的书本、应试学习更能让孩子的大脑兴奋，也是一种很好的缓解学习压力的方式。虽然现在的教材已经不再是以前的黑白两色，基本都实现了彩色图文的形式，但是跟游戏的画面、内容情节比起来，仍然是令人感到枯燥的。现在学生的课业负担较重，游戏是一种最简单的、不受时间和场地限制的放松活动，能够在一定程度上缓解紧张的气氛，释放精神上的压力。

青少年在游戏中可以很容易获得现实生活中难以获得的成就感和满足感。现在大多数家长望子成龙、望女成凤的心情都比较急切，家长首先就很焦虑，难免会提出一些孩子难以在短时间完成的目标。即使家长不焦虑，对于学生自己，相比于提高成绩和获得老师、家长的认可来说，游戏中成就感、满足感的获得仍然是较为容易的。

网络的空间很大，除了游戏之外，一些学生还通过抖音等短视频交友空间去探索和了解他们没有接触到的世界，这对孩子们来说，"诱惑太大了，可沉迷的空间太大了"。

二、青少年网络成瘾的预防

青少年在生活中过度使用网络常常伴随着许多的问题，它们涉及家庭、学校、社会和青少年自身，问题的改善与解决也需要各个方面的共同努力。家长们的正确引导与教育、学校的支持、社会各个职能部门的尽心竭力以及对同伴的帮助，都是可以降低青少年在互联网上的过度使用。

（一）学校方面

1. 加强网络文明素质的宣传教育

为了预防和减少青少年网瘾的形成，学校承担着重大的任务和作用。加强对青少年网络安全和青少年互联网文明公约的宣传与推广，积极开发利用校园网络资源，指导青少年养成良好的网络习惯，使青少年掌握在网络的海洋中不溺水的本领。建议从小学阶段到大学阶段，要在各级学校组织开展广大青少年的网络文化素质教育，培养广大青少年在网上具有自主选择和运用网络的意识和能力，引导他们正确合理地利用、整合网络信息资源，进行网络搜索和创新，帮助解决实际的问题。另外，还可以通过示范引导或者警示案例，使学生深刻地认识到网络信息应该取其精华去其糟粕，提高识别能力、自控能力，坚决摒弃低俗娱乐等不良信息。

2. 关注青少年心理健康

学校作为青少年学习生活的主要场所，也是他们从家庭过渡到社会的必经阶段。老师们在关注成绩的同时，也要关注青少年的心理健康。要做好青春期教育，化解青少年的疑惑和躁动，促进其身心健康成长，自觉远离不良信息。对一些沉溺于游戏中的孩子，要正确地进行疏通和引导，不要任意指责、殴打。及时地发现学生的一些特殊异常现象，比如突然成绩下降、自我封闭、独处不与其他人进行沟通、厌学、抑郁和焦虑等。对这些学生要及时地了解他们内心的真实想法，做好科学的心理帮扶与干预措施，帮助他们克服自己在生活中所遇到的困难，必要时还可以寻求专业的心理教育老师或者是心理医生的帮助，及时把网络成瘾的苗头消除在萌芽状态。

3. 组织丰富多彩的校园文化活动，活跃学生文体生活

老师一定要多与青少年进行交流，并多为他们量身安排一些所需要的娱乐活动，创造一些符合他们的心理和成长年龄特点的、各种多样的、健康积极向上的校园文化和娱乐活动，如在校内组织艺术节、体育节、出版园地等，以这些有益的教育和娱乐活动，来激发和促使他们形成良好精神，青春的活力能够得到充分的释放，而非百无聊赖，沉浸在虚拟的世界之中。

学校老师，尤其是班主任应加强与家长沟通，通过对作息时间、节假日上网内容及使用时间的检查督促，家校合作共同构筑预防网络成瘾的防火墙。

（二）家庭方面

中国的家庭教育体系存在很多不完善之处，有的父母教育方式过于简单。一旦孩子网络成瘾，便恨得咬牙切齿，恨不得将孩子一棍子打死。对孩子实行正确的家庭教育，是改变网络成瘾问题的关键所在。

1. 家长以身作则，树立良好的榜样

青少年的思想道德修养和行为方式，受到父母影响比较深，家长的一举一动往往被孩子看在眼里。你离网络（手机）有多远，就离孩子有多近。家长不要一直沉迷于手机网络游戏，不要时时刻刻都看着手机，每天手机不离手，孩子怎么可能不会被影响。所以当父母抱怨他们的孩子过于沉迷网络的时候，就要首先认真地反思一下自己是否给孩子树立了坏的榜样。家长难以自律，是很难帮孩子养成自律的习惯。

2. 营造良好的亲子关系，多给孩子关爱和陪伴

父母要多学习一些家庭教育方面的知识，学会和孩子处理好关系，如恰当的激励、民主平等的交往方式等。父母与孩子之间如果没有良好的亲子交往互动模式，亲子关系不好，孩子也很容易就会对手机游戏上瘾。在一些亲子关系比较好的家庭里，孩子们玩网络游戏的兴趣和时间都比较少。亲子之间联系十分密切，意味着孩子信任家长，家长的话才能真的被孩子听进去。

父母在孩子的成长过程中，除了需要给予一些物质条件的支持外，还是孩子精神层面上的支柱，而有些父母往往忽略了自己后一项职责，忽视了孩子在情感上的需要。父母要多关爱陪伴孩子，让孩子的精神需要从父母这里得到满足，孩子就不会再过于迷恋于虚拟的网络游戏世界。

3. 制定行之有效的电子产品使用规则

21 世纪已经成为一个互联网时代，这也是现代互联网信息技术水平高度发展的时代。孩子对于智能手机、电脑等电子产品有浓厚的兴趣，完全不让孩子接触上网是不现实的，家长要从时间和内容上合理引导。在尊重、真诚、平等、信任的基础上，家长们可以与孩子共同制定自己上网的方法和规则，在严格遵守互相约定的方法和规则条款的前提下，并不反对儿童适当地上网或者是要玩游戏，比如每天限制孩子上网 1~2 个小时，完成作业后才能玩，晚上不能熬夜上网等。规则一旦约定形成，就需要双方

严格遵守。通过这样的方式，形成了孩子规范合理使用网络的节奏感，也能早日形成自己合理规划生活的能力。再就是对于他们浏览的内容给予引导，网络上注册相关应用软件监督孩子根据自己的实际年龄注册等。另外，尽量避免过早地让孩子接触网络游戏，对于才几岁的孩子，尽量不让他们玩。小学以后的孩子，需要定好规则，限制使用电子产品的时间。

4. 安排孩子丰富多彩的课余生活，建议孩子谨慎交友

在节假日或者周末，要多带自己的孩子去做一些户外活动，陪孩子一起做一些更有意义的事情，比如一起进行户外运动、郊游、去游乐场、图书馆看书等。只有让孩子们真正地感受到了现实生活的温暖与快乐，他们才不会那么容易被网络世界所诱惑。

学生网瘾的一大特点就是成伙的，很多学生都是因为同学和朋友才开始上网的。网瘾孩子之间是相互影响、相互帮助、相互交流，都给孩子戒网瘾带来一定的难处。家长在必要的时候可以进行适当的干预和教育，正确地引导孩子交友。

（三）青少年要发挥自我的主观能动性

1. 明确上网的任务目标和内容，科学合理安排上网时间

每次需要上网前用两分钟的时间仔细思考和一下你要上网干些什么，一定要先明确自己上网的具体目标、任务和主要内容，把需要上网做的每个具体任务和主要内容都统一规划出来并写在纸上。不要认为这两分钟是多余的，它可以为你节省的可能不止 60 分钟。可以规定自己每周最多上网 3~5 次，每次上网的时间不超过 2 小时，且连续操作 1 小时后应休息 15 分钟。尤其是夜晚上网时间不能过长。

2. 树立明确的学习目标

我们集中学习活动的目标越明确，学习活动的积极性就越强，学习的意志也就越坚定。目标有一种无形之中促人奋发上进的力量，一个人一旦有了明确的目标，他就会因为这个目标有了明确的努力方向，寻找各种能

够有效实现这个目标的方法和途径。如果学生在学习中确立了明确的学习目标，那么就能够在整个学习过程中调动充足的积极性投入到学习过程中，在学习中会变得动力十足，即便是在觉得辛苦的时候，只要想到一切的努力都是为了实现目标，同时再想到实现目标时的自豪感和满足感，就会有源源不断的动力重新注入，再次全神贯注地投入到学习中去，也就没有闲心去想游戏或者网络中的事情了。

3. 转移注意力，培养更加广泛的兴趣爱好

有时候快要控制不住自己想上网了，可以主动走出家门，创造更多的机会去接触大自然，寻找更多更有意思的事情，如体育运动、散步、郊游、找朋友聊天等户外活动。

（四）创造有利于青少年成长的社会环境

1. 加强对网络游戏和其他涉网活动场所的监督和管理，加快未成年人网络立法和行政部门的严格执法，大力遏制和打击各类网络违规犯罪，从严查处非法网站以及"黑网吧"等经营场所。网络服务企业提升网络信息管理技术，强化监控和过滤，确保信息无污染。通过这些方式手段，减少青少年过度玩游戏的外部条件和接触的机会。青少年的好奇心强，而自我控制能力较弱，需要全社会都来关爱青少年的成长，创造有利于青少年成长的社会环境。

2. 强化网络主流文化传播，建立网上德育基地、网上夏令营等平台，推荐优秀影视和艺术欣赏等资源，积极弘扬社会主义核心价值观。

总之，智能手机、互联网、网络游戏，并非一场洪水猛兽，也不一定能避而远之。任何事物都有它存在的道理，任何一种很普遍的社会现象都有着它背后深层次的必然原因。我们只有接受它、了解它，充分认识这种现象的本质和原因，才能真正从根本上解决这些问题。而站在传统思想观念的制高点上，不调查也不了解新事物、新现象产生的背后原因，就进行一刀切的策略，是不可取的，也只能是激化矛盾的行为。

三、青少年网络成瘾的干预

如何戒除网瘾？孩子网瘾比较大怎么办，青少年家长遇到类似的事情都挺着急的。其实孩子网瘾是谁都不想见到的，但既然遇到了，我们就要想法解决，那该如何做呢？

（一）青少年自身的努力是戒除网瘾的内在动力

1. 青少年应该正确地认识网络，正确的认识和评估自己。树理想，立长志，把注意力放在学习。当出现了上网的冲动时，要反复暗示自己"我一定能""我一定能戒除"这样的理想和信念。当抵制住了网络诱惑时，进行自我鼓励，强化信念。还可将网络的危害和戒除网瘾的决心写下来，提醒自己转移对网络的注意力；可加入学校的社团组织，积极参与自己感兴趣的活动，融入现实人际交往。

2. 详细列举网络成瘾给自己日常生活工作带来的严重危害以及对未来的各种重大影响，写成文字后张贴到自己的房间或寝室，使自己每日都可以随时看到。最好自己再去网上寻找一些患上网瘾有害的图片一起贴出来，效果一定做的会更加好。认真详细地列举戒除网瘾给自己生活带来的种种好处，具体地描绘出自己因此而获得的未来收益，这会加强自己的信心。

3. 向身边的各位亲朋好友打电话，告诉他们自己已经戒网了，可以做一篇关于自己已经戒网的公告，四处分享、赠送，并贴到自己的寝室、房间可看到的重要位置上，并请大家监督。这就把自己逼到了没有退路的死胡同，置之死地而后生。

4. 一切上瘾都可以说是自己的心瘾，都是通过学习获得的，解除自己的心瘾就要从心开始，从心开始就是从相信自己能够戒除开始，相信自己能做到就下决心去做到，而不是试一试。当自己下决心做到的时候，无坚不摧。我们知道，没有人能把我们打倒，只有自己甘愿到下，要让自己即使肉体倒下了，灵魂也永远不倒，如此，你必成功。

5. 为了解除某种上瘾，一般需要使用一种药物作为治疗手段。有了网瘾又该怎么办？你需要找到新的生活方式或内容来填充自己的精神生活。替代方式可以是一种，也可以是多种方式，这样就化解了对网络的依赖。如培养一种运动爱好、练习一种乐器等。

（二）家长的帮助具有关键作用

1. 想办法管住孩子的钱

现在很多孩子大都拥有很多的零用钱，而大多"网瘾"学生一般也会选择到学校外面的一些网吧上网，多余的零用钱也为他们上网提供了一定的支持和帮助，有的学生甚至连自己的生活费都花光了。家长要严格控制好孩子的零用钱，虽然这点是当务之急，但不能简单地一分钱也不给，只要孩子能够维持正常的花销状态即可。如果控制零花钱过于苛刻，孩子被逼得过于急了，那些为了上网可以做到不吃饭、不睡觉的学生，就有可能走上违法犯罪之路。

2. 运用爱心、耐心和诚心来解开学生心中的"结"

很多人对患有网瘾的孩子采用粗暴的制止和严厉的斥责，这往往不能奏效，而且会起到相反的作用。网瘾的孩子很多时候是依赖网络而不是喜欢网络，所以我们要用真诚的爱去感动他们。先不要谈对他们的期望和他自己学业的荒废，我们的目标是在尽可能不让学生感到惭愧和压力的时候，积极地唤醒学生对他目前状态的认识，同时倾听内心积极的声音，从而激发孩子戒除网瘾的动机，让他们想象着有一天不再整日上网，而是过着踏实自豪的生活。一旦能在这方面取得成效，我们就成功了一半。

3. 分阶段缩短孩子上网的时间

"冰冻三尺，非一日之寒。"制定戒除网瘾计划要循序渐进，最明智的做法是分阶段缩短他们的上网时间，最终达到偶尔上网或不上网。如原来每天沉迷网吧 8 小时以上，则第一周减为 6 小时，第二周 4 小时，第三周

3 小时，第四周 2 小时。能按计划执行则给予奖励，做不到时则惩罚。制定的目标执行起来必须严格，父母、老师态度要坚定，帮助学生重拾信心，找回自控意识。

4. 让心理老师给孩子进行心理疏导

当孩子的网瘾情况非常严重，父母和孩子已经无法沟通，也无法管教的时候。这时候，让孩子接受专业的心理老师和行为纠正老师，来帮助孩子化解对网络的依恋心理，纠正孩子的上网行为习惯，是一个很明智的选择。网瘾是可以戒除，只是需要科学的方法和一定的时间，让专业的人士来帮助我们，往往可以事半功倍，快速帮助孩子摆脱网瘾。

（三）几种戒除网瘾的具体办法

1. 认知疗法

父母和网瘾的孩子要像朋友一样相互协商，不要采取说教的方法，双方也应该相互理解和尊重。首先明确网瘾的不良影响，如荒废学业、损伤身心健康等，使网瘾患者内心对于成瘾行为有较为本质的认识，慢慢戒除。

2. 系统脱敏疗法

青少年的自制力和意志都不强，很难依靠自己的意志来抵制网瘾的诱惑。这就要求家长帮助网络成瘾的青少年制订计划，并按照制订的计划实施。在一定时期内，他们会逐渐减少在互联网上花费的时间或隔离网络。同时，需要心理辅导教师为网络成瘾青少年提供心理咨询和认知行为教育，平息他们离开网络后的焦虑和冲动，规范他们的行为。慢慢减少青少年对互联网的依赖，最终达到偶尔上网或不上网的目的。

3. 代替疗法

我们必须明确，我们讨厌的并非孩子，而是孩子身上对网络迷恋的一种习惯。要想彻底消灭他们身上的这种习惯，就要尽量使他们的精神生活和文化娱乐活动变得更加充实，不让他们上网则必须寻找别的兴趣爱好可以替代，比如每天都要花半个小时的时间去学习一样新的东西，如游泳、打球、下棋、登山、旅游等户外运动。

4. 厌恶疗法

让孩子的左手腕带一根橡皮筋，当孩子有了想要上网的念头时，立即可以用他的右手拉弹橡皮筋，橡皮筋回弹就会产生一种强烈疼痛感，转移并压制孩子上网的这种念头。在进行拉弹的过程中，孩子也要时刻警醒自己，网瘾有危害。家长要培养孩子的意志力，用意志力压制上网的念头。

5. 药物辅助治疗

有一部分人的行为难以控制，带有冲动性或者强迫色彩，需要考虑配合药物治疗，在专业医生的指导下控制强迫和冲突，就像治疗强迫症一样，情况比较复杂，需要药物加上心理治疗、认知行为治疗。医学界用于治疗网瘾的药物主要为抗抑郁药和情绪稳定药这两大类。药物疗法之所以能在一定程度上起到戒除网瘾的目的，是因为药物可以抑制多巴胺等神经递质的产生，减少人的兴奋度，从而起到戒除网瘾的目的。对已出现心理障碍、精神症状及人格改变等严重的网瘾患者必要时需要住院治疗。

与物质依赖的成瘾行为相比，网瘾患者没有受到任何摄入物质的影响，是一种最为单纯的行为成瘾。所以针对网络成瘾的问题要未雨绸缪，以预防为主，社会、学校、家长等多方面配合营造好的环境。

第三节　大学生依赖性网络行为的心理学思考

跨入新世纪，方兴未艾的互联网正给中国社会带来了急剧的变化，它越来越深刻地进入了当代中国社会的各个领域。网络已成为一种新的时尚，有一定的知识水平和消费能力的年轻人，都有上网的经历。对先进知识和技术有特有的知觉和敏锐的大学生，对网络化的时代有不一样的追求，他们是最具有网络意识的群体。面对互联网构建的虚拟世界，当代大学生表现出了极高的认同度和参与热情。网络已经深入到了大学生的学习、生活以及情感等各个领域，成为大学生学习知识、交流思想、休闲娱乐的重要平台。他们通常可以在网吧、学校计算机房、图书馆的电子阅览室以及宿舍高速连接因特网。上网聊天、打游戏、网恋、查阅相关的资料或浏览新闻报道是大学生网上活动的主要方式。

互联网确实具有非常吸引人的地方。这里不是指同学们之间互相交换电子邮件，也不是指上网寻找有用的信息，这是他们网上活动的最常见的两种方式。区分"依赖性"和"非依赖性"大学生网民的不同并不是仅仅指他们每周上网的时间，而是强调他们在网上利用时间的方式。"非依赖性"大学生网民大部分时间用在直接发电子邮件和万维网上。"依赖性"大学生网民的大部分时间用在互联网同步通信环境中，如聊天室和多用户网络对抗游戏。据了解，大学生网民绝大部分属于"依赖性"上网者，而且女生多以上网聊天为主，男生多以参与多用户对抗游戏为主。许多大学生对网络表现了很强的依赖性，他们整天沉湎于网络这个虚幻的世界里不能自拔，以至于荒废了学业、忘记了工作、淡漠了友情和亲情。大学生对网络的这种迷恋是一种精神依赖的表现，如同吸食鸦片一样。有的大学生上网时精神亢奋，下网后烦躁不安；为享受网上"乐趣"而不惜支付巨额上网费用；有些人宁可荒废学业也要与电脑为伴。究竟是什么力量驱使着大学生做出这样的行为呢？本文从心理学的角度对大学生依赖性网络行为动机进行了分析和思考。

一、大学生依赖性网络行为动机分析

（一）满足自我实现的需要

马斯洛的需要层次理论指出，在人的基本需要满足以后，还有一个更高级的需要即自我实现的需要。自我实现的需要就是"人对于自我发挥和完成的欲望，也是一种使他的潜力得以实现的倾向"。正是由于人有自我实现的需要，才使得个体的潜能得以实现。在现今的高考制度下，考试成绩是评价学生的唯一标准。在中学，学习成绩优秀的学生可以凭借其优异的成绩获得老师的青睐和同学们的关注，优异的成绩是一些学生骄傲的资本。然而，进入大学来的都是各个地方成绩优异的学生，他们中只有少数人能够保持原来的中心地位和重要角色，大多数学生将从中心角色向普通角色转变。他们很多人的这个赖以凭借的资本突然没有了，不少大学生由中学时老师的宠儿变成了一个普通的大学生。一些大学生不能够很好地适应这种角色的转变，自信心便垮掉了一半。① 而且由于他们缺少特长，在学校的各种文体活动中难以获得成功，其价值感和自我成就感便无从谈起。于是，他们被由此而产生的失落感和自卑感缠绕着。由起初的心理压抑进而产生了一切都无所谓的态度，一味地原谅自己，放纵自己，进而到网络上寻找满足感，找回原来的"辉煌"的自我。

大学生有很多的需求，但许多需求是很难轻易得到满足的，需要付出艰苦的努力和奋斗。然而，在网络这个虚幻的世界里却能轻易地得到满足。在现实的学习生活中相对缺乏竞争力的学生往往会选择上网以求得暂时的解脱。在网络虚拟社区里，在游戏中体验成功的乐趣。而且，这种成功的概率会大大的增强。尤其是在网络对抗游戏中，每升一级或者是打过一关，都会产生一种愉悦感和"高峰体验"。这是一种转瞬即逝的极度强烈的幸福感，甚至是欣喜若狂、如痴如醉欢乐至极的感受。他们在虚拟的网络世界获取的快乐和自我成就感比现实世界要多得多。这让这些在学校活动中少有表现的学生也体会到成功的乐趣。而这种感觉又会强化他们参与网络游戏的行为，使他们沉湎于此而不能自拔。

---

① 马长英. 大学生问题 [M]. 北京：中国青年出版社，2001：10.

(二) 心理宣泄

随着社会竞争的日益激烈，社会对人才质量的要求越来越高。广大的大学生在这种情况下心理承受着巨大的压力，造成了大学生的学业负担相对较轻而心理压力相对较重的现象。学习不顺、人际关系紧张、失恋、生活的窘困等，让他们吃不香，睡不好，令他们不安和烦恼。① 求学就业中充满着竞争、冲突、矛盾和挫折，使他们对社会环境以及校园生活中的诸多不完善的方面大为不满。严重的还可能产生不同程度的心理障碍，进而影响学习、身体健康、情绪以及人际交往。精神分析学派认为，人的行为的"心理驱动系统"由两种心理倾向构成：一是寻求满足的、进取的心理倾向；一是避免伤害的、防卫的心理倾向。② 大学生在寻求满足、进取的活动过程中产生的心理压力会导致其产生避免伤害、自我防卫的行为，以求获得心理的平衡。网络由于具有隐匿性、开放性、便捷性和互动性等特点，这给大学生适时地转移、倾诉和宣泄自己的不良情绪提供了机会和场所。通过此方式，他们可以宣泄被压抑的不良情绪，获得一定的心理自疗效果，让他们从日常的精神紧张中解脱出来。因此，网络极易成为许多大学生躲避孤独和排解心理压力的场所。上网成了他们释放心理压力、松弛身心的一种方式。他们或到 QQ 聊天室向网友倾诉自己的不快，或到对抗游戏里冲杀一番。这如同人们喜欢唱卡拉 OK、听摇滚乐、喜爱足球一样，是因为可以通过尽情地呼喊、喧闹发泄心中的郁闷。

(三) 网上娱乐心理

网络被称为继报刊、广播和电视之后的第四媒体，他具有传播速度快捷、彻底打破地域、拉近传播者与受众之间的距离等优势。它从某种程度上改变了目前的文化和娱乐形态，深刻地影响着人类的精神生活。而且，网络还拥有多媒体性，它使网络媒体有能力在技术上实现多媒体传播，达

---

① 田胜立. 网络传播学 [M]. 北京：科学出版社，2001：124.
② 吕勤，郝春东. 旅游心理学 [M]. 广州：广东旅游出版社，2000：318.

到时空交融、视听兼备的综合性艺术效果，营造出特定的情感氛围。网络媒体可以集文本、声音、图像、动画等形式于一体，这就打破了传统媒体之间的界限，使网络媒体作为一个整体的概念而存在，不再有现实生活中传统媒体电视、报纸、广播三足鼎立的势力划分。传统媒体提供的新闻和信息都是封闭的，受众只能随着传播者的意图被动地接受媒体的信息。网络传播中，网络受众可以主动接受所需要的信息，改变了传统媒体中受众的被动性；网络受众可以随心所欲地点击所需要的信息，可以参与媒体的传播活动，成为媒体的一部分或与媒体传播者交流沟通。在网上参加游戏、聊天、听音乐、看在线播放电影、读娱乐性网上文章是大学生网上娱乐的重要方式。网络媒体把文字阅览、画面浏览和声音聆听融为一体，将欣赏者的各种感觉全方位打开，使视觉、听觉、触觉甚至味觉和嗅觉协同活动，获得多感官的刺激，让人体验到心跳、体温、眩晕、紧张等微妙的心理变化，达到真正的审美通感，从而获得精神上的满足与愉悦。网络传媒具有的这些特征和功能正好和大学生具有的好奇、浪漫、喜欢惊险刺激，对新事物、新知识反应迅速，强烈的求知欲和探索精神的心理特征相匹配。故上网冲浪成为他们业余休闲的重要形式。

（四）寻求自我价值感

社会心理学认为，为了使自己的人生具有价值，获得明确的自我价值感，人需要了解别人，需要通过别人来了解自己，需要爱与被爱，需要归属与依赖，需要有机会显示自己的优越和展示自己的专长。① 所有这些，都使人需要别人，需要同别人进行交往，需要同别人建立并保持一定的人际关系。大学生的思想比较活跃、渴望友谊和同学之间的相互理解和支持。随着年龄的增长，生活空间的扩展，社会阅历的不断增加，大学生的交往愿望也就越来越强烈。因此，大学生表现出比以往更加迫切的交往愿

---

① 金盛华，张杰. 当代社会心理学导论 [M]. 北京：北京师范大学出版社，1995：212.

望。然而现实生活里，诸多困扰大学生的问题中，人际关系问题是最令人烦恼的。由于人际关系的社会复杂性和大学生心理的单纯性，常会使部分学生在交往中遭受挫折，表现出了不同的人际交往障碍如多疑、害羞、闭锁、社交恐惧，使他们的自我价值感得不到满足。而网络这个虚拟的世界为这些学生满足自己的价值感提供了便利。在网络里，不再强调相貌的作用，人们在一个非以貌取人的环境下相互认识、相互了解；每一个网民拥有平等的发言权，人们根据你的话语来形成对你的印象；在网上可以说出自己想说的话，而且一般来说不用担心会带来什么惩罚，所以他们不需要过多的面具，表达自己比较真实。这对那些现实中觉得地位卑微的学生更有吸引力。不论天涯海角，在互联网上人们可以跨越时空彼此相识。彼此陌生的人可以相见，发展友谊甚至产生爱情。在互联网上形成一种理性而又持久的亲密朋友关系。他们还可以建立个人主页，把自己的兴趣爱好等资料通过超时空的、双向的、多向交流的网络传媒让网友或其他的网络受众认识和了解。通过这种交往，他们的自我价值感会得到确立，自我评价也会提高。当自我价值得到确立时，在主观上就会产生一种自信、自尊和自我稳定的感受即自我价值感得到体现。大学生的自我价值感一旦得以确立，就会觉得生活富有意义，使人充满热情。相反，如果他们的自我价值感得不到确立，就会没有自信、自尊和自我稳定感。这也正是一些学生沉湎于网络的内部动机。

（五）情感表达心理

情感表达是大学生网民的一个重要的需要。通过上网来寻求人与人之间的以互相关心、互相理解和互相尊重为要素的广义的人类之爱，是一种潜藏在大学生网民内心深处得极为深刻的上网动机。通过与网友的交往可以使他们隐藏于内心深处的对的爱的需要得到满足。他们在网络中结识朋友，获得现实生活中无法得到的情感交流、尊重和满足感。网络给他们提供了一个最好的，使每个人都有的对爱的需要得以满足的场所。在网络里他们表达情感的方式主要有聊天、建立个人主页、网恋和在 BBS 上发表自己的观点及见解。在大学生的聊天中，聊得最多的话题是爱情和友谊。他们在网络里绝不会感到孤独，因为无论爱好兴趣是什么，总有许多人在"虚拟社区"里相互交谈、互相倾吐着秘密。在网上，一个人的所思所想都是经过一定时间的筛选才反映为文字，它展示的自我从某种程度上说是经过粉饰的或者是理想中的自我。他们在这里可以寻找理想化的白马王子或白雪公主，可以找到没有缺点的恋人，这种现代的、纯真的、柏拉图式的爱情童话能够满足他们内心深处对浪漫爱情和友情的渴求，也可以慰藉内心深处孤寂的心灵。他们中的大多数虽然幻想在现实生活中实实在在地经历它，但他们不会去经历它。

（六）探索和尝试新生活

大学生在日常生活中，每天过着同样的生活，难免产生单调乏味，缺少新鲜感。心理学家弗洛姆指出，"一个人生理上和生物上的需求得到了满足，但是他们仍然不满意，他自己仍然不安宁"，因为缺少了"一种能够使他变得主动的蓬勃生机"。因此，追求新鲜感是由人的本性决定的。人的本性就是要不断地寻找和开辟更加广阔的天地。大学生上网正是为了寻求这种不断扩展的、不断更新的、能够给人以新鲜感的生活。这种新鲜感包括惊奇、喜悦、清新和振奋。动机的认知理论认为人有理解环境的需要。上网可以使大学生走出生活的空间，认识世界和了解世界。

大学生长期生活在自己的一个狭小空间内，想离开自己生活的小圈子。可是，学生的主要任务是学习，不可能放弃学业到处去旅游。一方面，网络给他们提供了过一种与现实不同的生活的机会，使他们的好奇心理得以满足。通过网络，他们可以到别处去"看一看"，可以了解世界各地的文化风情；另一方面，在虚拟社区里，创造一个从来没有过的生活环境，过一过他们从来没有经历过的生活。美丽文静的女孩可能变得很泼辣；粗犷剽悍的男生也可能变得乖巧可爱。在互联网上，没有人会知道他们的真实姓名、性别、年龄和社会地位。这种"身份丧失"的变化可以让大学生尝试新的角色，起到"角色扮演"的作用。

二、缓解大学生依赖性网络行为的方法和途径

从以上论述可以看出，大学生的依赖性网络行为动机是多方面的、复杂的，既有内隐的如自我实现、宣泄、获得自我价值感，也有外显的如娱乐、探索和尝试新生活。这也反映了当前大学生希望摆脱那种空虚、无聊、颓废的学习生活的内心渴望和无意识的乞求，同时也表露了他们对成功、充实、丰富多彩的大学生的向往和追求。但总的看来都与大学生成长发展中遇到的问题和成长的环境有关。如果能够采取有效的措施，扬长避短，是可以引导大学生充分利用网络这种现代化的手段为其健康成长服务的。

第一，树立"以人为本"的教育理念，充分调动学生的主动性、积极性和参与意识。"以人为本"的教育不仅要赋予学生广博的知识与技能，而且更重要的是塑造他们真、善、美的心灵，构建他们自尊、自爱、自强的人格，确立自我设计、自我实现、自我超越的价值观。学校要创造多种条件让每一个学生都有展示自己才华的舞台，使他们充分体验到自我的价值感和自豪感，从而觉得生活富有意义。

第二，开展网络心理健康教育，预防网络心理障碍。网络心理障碍如网络成瘾综合征（IAD）是指一些人往往没有一定的理由，无节制地花费大量时间和精力在互联网上持续聊天、浏览、游戏，以致损害身体健康，并在生活中出现各种行为异常、心理障碍、人格障碍、交感神经功能部分失调。① 因此，应教育学生以理智的态度控制上网的时间；提高学生对网上不良刺激的免疫力；有心理障碍的学生最好不要上网去寻求安慰，应求

---

① ［美］华莱士. 互联网心理学［M］. 谢影，苟建新，译. 北京：中国轻工业出版社，2001：192.

助于心理医生；发现有网络心理障碍的学生一定要尽快矫治。

第三，加强网络德育工作，提高学生网民的网络文明素质。以专家教授讲座、同学们之间的讨论等形式进行适当的网络意识教育，引导他们正确认识"网络社会"，树立对网络"虚拟社会"的正确态度和观念，做到科学合理地使用网络资源。

第四，加强校园网络建设，积极开展校园网络服务。这样学校可以保持对网络的了解、知情和监控，既争取了对网络的主动权，又增强了对网络的可控性。学校还可以通过举办主页设计、计算机知识与技能大赛等活动，把学生对网络的好奇心转移到正确合理地使用网络上来。

附：《全国青少年网络文明公约》的内容及解读

一、原　文

《全国青少年网络文明公约》

要善于网上学习，不浏览不良信息。

要诚实友好交流，不侮辱欺诈他人。

要增强自护意识，不随意约会网友。

要维护网络安全，不破坏网络秩序。

要有益身心健康，不沉溺虚拟时空。

二、内容解读

1. 要善于网上学习，不浏览不良信息

意思是：将网络作为课外学习的一种新工具和了解大千世界的新途径，不接触、不浏览有关色情、愤恨、暴力、邪教或者怂恿进行非法活动等不适当的内容，如果已接触了这些不良信息，要及时告诉父母和老师以取得帮助。

2. 要诚实友好交流，不侮辱欺诈他人

意思是：在通过网络进行交流时，仍要礼貌待人，不使用脏话；要态度诚恳，不欺诈他人；要遵守礼节，不随心所欲。总之，要尊重他人，自己才能得到别人的尊重。

3. 要增强自护意识，不随意约会网友

意思是：不要透露有关家庭的任何资料，包括姓名、地址、电话等；不要轻易相信别人；在没有得到父母的同意前，不要约会网上的朋友；不要恶意挑衅；不参与不良的网上游戏等。遇到令自己不适的信息时，不要回复，而是马上告诉父母和老师。

4. 要维护网络安全，不破坏网络秩序

意思是：要敢于担当"网络安全小使者"的责任，在保证自己不参与违背道德、法律活动的前提下，对于周围的小伙伴中有不良行为者，要加以劝阻说服或告诉家长和老师。

5. 要有益身心健康，不沉溺虚拟时空

意思是：要培养自我约束的能力。制订一些上网规则，把它贴在计算机附近，时时刻刻提醒自己；每次连续上网时间不超过 1 小时，要坚持做眼保健操；要制订学习计划，不盲目上网；要坚持户外运行，保证健康体魄。

三、网络成瘾自测

指导语：下面是一个关于网络使用情况的调查，请结合你一年之内的实际情况对照，在方框内用√标出，非常符合——3 分，符合——2 分，不符合——1 分，极不符合——0 分。注意每题只能选择一个答案。读完题目后，请尽快做出选择，不要花费过多时间反复考虑，谢谢合作！

问题	非常符合	符合	不符合	极不符合
1. 曾不止一次有人告诉我，我花了太多时间在网络上。	1	2	3	0
2. 如果有一段时间不上网，就会觉得心里不舒服。	1	2	3	0
3. 我发现自己上网的时间越来越长。	1	2	3	0
4. 断线或接不上时，我觉得自己坐立不安。	1	2	3	0
5. 再累，上网时觉得自己很有精神。	1	2	3	0

172

续表

问题	非常符合	符合	不符合	极不符合
6. 我每次都只想上网待一下子，但常常一待就很久不想下来。	1	2	3	0
7. 虽然上网对我日常与同学、家人的人际关系造成负面影响，我仍未减少上网。	1	2	3	0
8. 我曾不止一次因为上网的关系一天睡眠时间不到四小时。	1	2	3	0
9. 从上学期以来，我平均每周上网的时间比以前增加许多。	1	2	3	0
10. 我只要有一段时间不上网就会情绪低落。	1	2	3	0
11. 我不能控制自己的行动。	1	2	3	0
12. 我发现自己投入在网络上而减少了与周围朋友的交往。	1	2	3	0
13. 我曾经因为上网而腰酸背痛，或者有其他身体不适。	1	2	3	0
14. 我每天早上醒来，想到的第一件事就是上网。	1	2	3	0
15. 上网对我的学业已经造成了一些负面影响。	1	2	3	0
16. 我只要一段时间不上网，就会觉得自己好像错过什么。	1	2	3	0
17. 因为上网的关系，我与家人的互动少了。	1	2	3	0
18. 因为上网的关系，我平常的休闲活动时间减少了。	1	2	3	0
19. 我每次下网后，其实要去做别的事，却又忍不住再上网看看。	1	2	3	0

续表

问题	非常符合	符合	不符合	极不符合
20. 没有网络，我的生活就没有乐趣可言。	1	2	3	0
21. 上网对我的身体造成了负面影响。	1	2	3	0
22. 我曾经试想花较少的时间在网络上，却无法做到。	1	2	3	0
23. 我习惯减少睡眠时间，以便能有更多的时间上网。	1	2	3	0
24. 比起以前，我必须花更多的时间在网络上才能得到满足。	1	2	3	0
25. 我曾经因为上网没有按时进食。	1	2	3	0
26. 我熬夜上网而导致白天精神不济。	1	2	3	0

量表简介及计分方法：该量表为中文网络成瘾量表，是台湾陈淑惠教授于1999年以大学生为样本，根据 DSM-IV 对各种成瘾症状的诊断标准编制的，共26道题目，4级评定，共包括强迫症状（如个体有一种难以自拔的上网渴望和冲动）、退瘾症状（例如如果被迫离开计算机，个体就会情绪低落、坐立不安）、耐受症状（如随着使用者网络使用经验的增加，必须通过增加网络使用时间才能在网络中获得与原先相当程度的满足感）、人际健康问题（如个体在网络中沉溺时间太长而与家人和朋友疏远）和时间管理问题（如个体在网络中沉溺时间太长而造成学业被耽误）五个维度。每个维度中各个题目得分之和即为该维度的得分，全量表总分代表个人网络成瘾的程度，总分越高表示网络成瘾倾向越高。得分越高表明沉迷于网络的程度越严重。各维度对应的题目为：强迫性上网：11、14、19、20、22；戒断反应：2、4、5、10、16；耐受性：3、6、9、24；人际与健康问题：7、12、13、15、17、18、21；时间管理问题：1、8、23、25、26。

五个维度总分的参考标准为：0-20 分为高免疫人群，21-40 分为一般免疫人群，41-60 分为网络依赖严重者，61-78 分为网络成瘾严重者。

（资料来源：陈淑惠. 中文网络成瘾量表 [EB/OL]. 心理学空间，2013-09-11. https：//www.psychspace.com/psych/viewnews-10508））

第六章

青少年移动学习的问题及对策

  随着移动通信技术和移动互联网的快速发展与融合，各类便携、易用、高性能的移动通信网络终端不断涌现，移动互联网络所提供的容量正在增加，服务范围也在逐步扩大，"移动"正逐渐成为未来几年移动通信技术的发展和社会变革的主题。移动学习——"移动"与"学习"相互联结亦自然地成为未来学习的一个重要发展趋势。今天，当你已经拥有了一部智能手机、一部便携式的智能平板或一台笔记本电脑时，只要存有学习的各种资源，无论你是在一个城市里散步、泡吧，坐小汽车、公交车、地铁、出租车，乘坐长途列车、轮船、飞机，还是静静地躺在床上、倚在沙发上、坐在抽水马桶上，只要你愿意好好学习，你就可以自由、随时随地为不同的目标、用各种不同的学习形式来进行学习。然而，就在几年前，我们的文化学习还深受时间和空间的限制。

  一般而言，传统的学习往往要么在学校里进行，要么是在家里或者公共图书馆里进行。可是，近年来随着现代信息通信技术的不断发展，智能手机、平板电脑、笔记本电脑等各种电子设备的功能日益完善，价格日益便宜，拥有这些设备的用户大大增多。加之现代无线移动网络的飞速发展和电子化学习资源的不断丰富，让我们的日常生活以及学习不再受到时空的束缚。今天，移动学习正在悄然地改变着我们的日常工作、生活，并且也深刻地印证了移动互联网时代的"学无止境"。

从目前我国乃至世界各地的范围来看，移动学习的研究和应用已经具备了一定的基础，它涵盖了中小学、高校、专门技术培训、远程教育、非正式的学习等各种不同的教育阶段和学习途径，覆盖了学校、劳动场所、博物馆、城市和乡镇等不同的场景。在国内，移动学习的普及与发展已经逐渐得到人们的高度重视和广泛关注，但与目前移动科技在其他领域，例如办公、支付、交通等方面的应用和推广相比，教育仍然是被移动科技应用忽略了的领域，与移动科技相关的理论和应用研究也才刚刚起步。

第一节 移动学习概述

现代信息化社会，由于人们对于地理空间变化的流动性和弹性学习要求的扩展，很多人开始考虑到利用移动终端设备进行学习。移动学习客户端的兴起已经使得移动学习逐渐成为一种新的趋势，移动设备也给教育儿童提供了一种新的有效途径。移动设备给我们创造了种种的机会，让我们的学习过程变得越来越富有趣味、越来越富有互动性，我们随时都能够进行学习，既在传统的课堂环境之中，也在不正式的学习过程之中。如何有效保持移动学习用户对于学生的关注度和愉快感，利用移动学习者的碎片化时间来进行系统而有效的学习，就成了移动学习领域必须面对的重要问题。如何理解和运用移动学习？未来科技的进步和学习方式的变化将对移动学习带来怎样的影响？这些正是亟待解决的问题，需要我们的研究人员和实施者进行深度思考。

一、移动学习的内涵及特点

（一）移动学习的内涵

那么，何谓移动学习？移动学习英文表述为 Mobile Learning，简称 M-learning 或 MLearning，是在现代终身学习的基本理论引领下，利用各种现代移动智能设备，如智能手机、平板电脑、笔记本电脑等，能够在任何时间、地点发生的学习。相较于电子化学习和远程教育，移动学习更多地突出了学习者能够通过移动智能设备、移动通信网络、无线互联网络等方式实现自主学习的主要目的。这种学习所使用的移动智能设备，必须能够呈现所要学习的内容，并为老师和学习者之间提供双向交流和互动，是一种横跨地域的限制，充分利用可携式技术的学习模式。

移动学习其实不是什么新鲜的事物，因为在这些传统的学习中，印刷出来的课本、材料或者是记录资料的笔记本同样可以很好地支持着学习者随时、随地进行自己的学习。因此我们可以这么说，便携式的纸质资料在很早以前就已经发展成支持移动化学习的工具，移动学习始终就在我们身边。但是，现在我们说的移动学习与传统的带着资料的移动学习有别，主要强调的是借助于无线通信技术和移动互联网技术，在相对不确定的学习场景下，利用各类移动智能化的设备进行随时、随地的学习。

我们想要正确认识、理解移动学习的基本内涵，那么就应该从以下三个方面来把握：首先，移动学习是在数字化学习的基础上逐步发展而来的，是当前数字化学习的拓展，它有别于普通的学习。其次，移动学习除了具备数字化学习的所有特征之外，还有它独一无二的特性，即能够让学习者不再被限制在电脑桌前，可以自由自在、随时随地进行各种不同目的、不同学习方式的学习。学习的环境是移动的，教师、科研人员、技能培训管理人员和学生都是移动的。最后，从它的主要技术实现依托来看，移动学习能够实现的两大主要技术基础是移动计算技术和互联网技术，即移动互联技术；实现的工具是小型化的移动智能设备，该设备应该具备的特性是：可携带性，即设备形状小、重量轻，便于随身携带；无线性，即设备无须连线；移动性，指使用者在移动中也可以很好地使用。

（二）移动学习的特点

现代的学习者对于自身文化素养的培育和水平的提升，要求越来越严格，由于诸多原因的限制，他们学习的时间也无法得到充分的保障，许多年轻人往往会在夜里或周末学习，更有些人会在课堂之外的地方，如在机场、公共汽车上、地铁中等待时进行随时、随地的学习。而且移动学习在数字化学习的基础上，通过有效地结合移动通信技术，带给学习者随时随地学习的全新感受。移动学习方法使得学习者可以随时随地获得所需要的学习资源，并且利用空闲时间去进行自主学习。目前人们普遍认为基于移动互联网的学习即将成为未来的一种学习方式，或者说是未来学习方式中不可或缺的一种模式。这种学习模式具有以下特点。①

1. 可以随时随地的学习

随着科技的不断发展，移动设备越来越轻巧，功能越来越完善，相比于传统的电脑客户端等数字化设备更加便于携带。② 由于高便携性的移动智能设备的广泛普及，我们在学习的场所、学习的时间与地点以及学习内容的范围等各个领域均能够具有一定的随时性，我们的学习者突破了传统课堂教学的局限性。老师也可以把最新的课件和教学材料上传到互联网上，随时都能够更新自己的教学信息资源库。

对于每一个学习者学习的活动场地和学习的时间来说，目前的移动学习并没有成为每一个学习者的主要活动和学习方式，因而目前的移动学习主要都是发生在一些非正式的场合下；学习的时间无法确定，但可以依据

---

① 胡盈韵. 移动学习的现状及其发展趋势研究［J］. 湖北第二师范学院学报，2013，30（8）：50-51.
② 李敬. 青少年移动学习接受度研究现状分析［J］. 智库时代，2020（14）：90-91.

学习者的需要，在任何地点展开学习。对于我们所要学习的知识内容，移动学习除了代替正式的课堂上一些基础知识的学习之外，还更加注重能够拓宽视野和扩充知识内容，比如相关的专业考试、时事新闻、阅读书籍、所要学习的教材和课程等，都是每个学习者按照自己的实际需要去选择最感兴趣的知识。学习行为的产生有赖于每一个学生的兴趣、热情和自我控制能力，移动学习将会给随时随地的学习带来一种可能性和便捷的条件。

2. 学习的碎片化、微型化

移动学习以其自身独有的学习碎片化的优势和特色为广大学习者提供了随时随地学习知识的便捷，其碎片化主要包括两个基本的方面：一是学习的时间，主要指的就是我们能够充分利用乘车、等待、睡觉前等零碎时间进行阅读、学习，属于零碎时间的充分利用，其行为与传统的在教室、图书馆等场所的整块时间的阅读学习的过程有很大差异；二是在阅读行动上，以一点一滴的零碎知识内容的掌握为基本特征，区别于深度阅读和专业化阅读，有些研究者将这种阅读形式统称为"浅阅读"或"浏览式阅读"。这种简单的浅层化阅读不但能够更好地帮助学习者合理和充分利用琐碎的时间来学习，还能够有效地帮助学习者在较短的时间里，掌握一个相对完整的基础知识模块，从而真正达到移动化学习目标。

微型化主要是指学习时间相对于以往的学习较短，而在知识传递的效能上则会更高，这样才有可能充分地吸引学习者参与，从而促进学习维护良好的效果。移动式学习绝非网络学习平台和课程的简单移植，而是为了符合当前移动环境下人们学习的需要。

3. 学习的交互性

移动学习的主要技术依托于移动互联网技术，具有双向交互的特点。当前，学习者在互联网上所需要使用的移动学习设备中最多的是智能手机，而对于智能手机来说，交互式学习功能是智能手机的一项基本功能。手机的交互可以有效帮助学习者更好地实现信息双向传播和交流，使其在学习中与他人进行直接对话和短信沟通，充分激发学习者的兴趣，使其能够在较短的时间内保持较高的注意力水平，从而更好地进行信息流通和语言交流。

4. 心理负担降低

从心理学的角度来讲，对于一些性格内向的学习者而言，移动式学习恰恰能够有效弥补他们在传统课堂和面对面学习中遇到的尴尬场面，减少了师生交流的胆怯紧张心理，消除因担心出错等一系列问题发生的负担。学生可以直接、单独地跟教师进行实时交互，轻松地学习和交流，这样相当于"面对面"或者"一对一"教学，从而实现个别化（或个性化）教学的目的。

5. 智能化、数字化和网络化

与基于传统电脑的互联网学习不同，基于移动设备的互联网络学习已经具有了消息的接收和分享功能，使其具有人工智能化、人性化的特点成为一种可能。例如在一个用户的问题得到及时回答时，传统的互联网环境下，用户在关闭浏览器之后，就很难获得反馈。而在目前的移动学习环境下，即便用户已经退出了学习 App，仍然能够通过手机接收到可以解决问题的短信，从而有效地促进了移动学习的交互性功能得到充分地体现。移动设备待机时间长，这是传统电脑所无法比拟的，因此如果在产品中充分发挥这一特性，会使移动学习的优越性得到发挥。

移动学习具有数字学习的一些基本特征，即数字化的学习应用环境、数字化的学习资源和数字化的学习形式，时间的终身化、空间的网络化、学习主体的个性化和交互的平等化。此外，大部分移动学习模式是以无线网络为系统，通过移动终端设备接入实现教学，因此移动学习是一种网络学习。

6. 个性化

移动设备终端在不断改进，设备的操作也越来越灵活简单，使用门槛低，方便青少年群体移动学习。青少年对于移动学习的要求不同，普通的数字化学习难以满足每一位青少年用户的要求，在移动学习中，移动学习用户都可以按照自己的特点和需要量身定做学习内容。① 在这种新型的移动终端学习模式中，学习者完全可以根据自己的移动学习需求，主动掌握和调整学习进度，安排好学习的时间和地点，自由地选择所要学习的内容。移动学习可以根据学生在课堂上反馈的难题、重点进行针对性的讲解答疑。移动学习具有虚拟性的特点，在移动终端设备上进行虚拟学习，模拟上课场景，解决场景限制带来的学习困难。②

二、移动学习的现实意义③

移动学习信息技术的广泛应用在诸多行业和领域都已经得到了迅猛发展，尤其是在一些学校的教育情景、企业的教育学习以及其他非正式的教育学习活动场景之中。相对而言，移动学习最先被高等教育界和社会各级各类教育所广泛接受，更多的教学理论技术实践和教学研究已经大量应用在了基础教育阶段的校外移动学习和高等教育的各个领域里。移动学习在学校教育体系中的运用不但快速深入推进，而且越来越多地受到了人们的高度关注。从移动学习的内涵能够看出，移动学习具有以下四个方面的现实意义。

（一）符合青少年学生特点

现在的青少年学生一般都不怎么喜欢"填鸭式""一言堂"教学。作为新一代年轻人，他们有非常灵活的想象力和严密的逻辑思维，并且非常善于接受新鲜的事物。特别是随着智能手机的迅猛发展和日益普及，基于

---

① 韦恋娟. 个性化学习环境下青少年微型移动学习学习者模型构建及推荐策略 [J]. 中国多媒体与网络教学学报（上旬刊），2019（12）：14-15.
② 刘鑫，曾铭钰，樊贵军. 基于人工智能的个性化移动云学习路径自动生成技术研究 [J]. 信息与电脑（理论版），2019（14）：130-131.
③ 朱婷. 高职学生手机移动学习现状调查 [J]. 文教资料，2020（30）：189.

智能手机的移动互联网学习很受广大青少年群体欢迎，更能满足他们的个性化学习需求。比如，学生在移动手机客户端或其他载体上进行学习时，教师就可以实时收集到每位学生的学习轨迹、学习任务完成状态等重要数据，对这些数据的整理、统计和分析，不仅使教师准确地把握每一位学生的学习进度与学习效果，还使他们能够更加有针对性地做出个性化的教学指导。

（二）改变教育教学形式

一方面，移动学习突破了教学的时空限制。新冠肺炎疫情防控期间，移动学习的优势更加凸显。移动学习已经彻底地摆脱了传统课堂的束缚，突破了传统学习过程中时间与空间的双重局限，提供了一种全新的教育教学方式。学生可以随时随地不受地区或者是时间条件的限制，更加方便、快捷地参与其中并获取新知识。很多抽象而又枯燥的理论知识经过教师的精心处理，转化为一目了然又生动形象的微课视频，为学生的学习注入了全新的活力。当然，学生还可以充分利用互联网的便捷性，使用互联网上其他现成的教育资源，实现对教学资源最大限度的利用。另一方面，移动学习为用户提供了一种低成本、高效益的学习模式。在移动设备和网络的帮助下，学习资料可以共享至每一位学习者的手中，减少了大批纸质材料的输出，更高效，也更环保。

（三）满足碎片化学习需要

由于移动学习具有灵活性、自主性、交互性、便捷性等特点，学生可以充分利用碎片化的时间学习。随着碎片化学习的不断积累，最终将建立一个比较完整的知识体系。学生对学习时间的可控性更强，更自由、更灵活，因此提高了学习兴趣。由于碎片化的学习时间通常比较短，更容易让学习者保持较高的问题关注度，提升了课堂学习效果。

（四）有助于教育的普及

目前移动终端的大量出现和迅速普及，为移动学习的不断发展奠定了坚实的基础，即便是在偏远农村地方的广大学生也都能够使用移动终端网络来直接进行学习。

第二节 青少年移动学习策略

移动通信技术和互联网的高速发展，给互联网与教育的融合工作带来了新的发展机遇和挑战，移动终端设备价格逐渐降低，功能日趋完善，使得移动学习的普及成为可能。移动学习不受时间和空间的限制，移动式的终端设备简单、安全，便于随身携带，使用方便，使得移动学习越来越受到青少年学生的欢迎。移动学习延伸和拓展了传统课堂教学活动，凸显了学习者学习的积极性，为当代青少年和学习社会带来了变革，成为未来一种崭新的课堂学习模式。移动学习的广泛普及将会促进全面教育、终生教育成为可能，移动学习主体也将面向全社会。从目前来看，移动学习凭借其随时随地可学习的便利性深受青少年的喜爱，青少年成为移动学习的主体。

一、青少年移动学习的特征[①]

（一）移动学习的技术[②]

青少年在进行各种移动学习时，可以选择各种移动客户端的学习辅助软件、浏览器、微信或 QQ 平台以及专业的移动学习慕课平台等。青少年开展移动学习的主要工具就是智能手机。智能手机以其强大的便携功能，

---

① 李佳颐，张秀兰. 青少年移动学习特点及影响因素 [J]. 办公自动化杂志，2011（1）：39.

② 于姝妮，刘艳茹. 信息碎片化背景下青少年移动学习的调查研究 [J]. 科技经济导刊，2020，28（34）：155.

成为青少年最为常用的移动学习设备；平板电脑也是青少年中较常用的移动设备，但它在青少年拥有的数量上还是少于智能手机，因为它的体积相对较大，便携性不如智能手机，在使用体验上也受到一定影响；电子阅读器和普通手机也在青少年的移动学习中被使用，但由于它们的功能已逐渐地被智能手机等设备所代替，在青少年中的使用频率较低。

（二）移动学习内容与呈现方式

青少年移动学习的内容不仅是与专业有关的信息和学校的教务信息，还包括专业知识以外的内容。青少年移动学习的教育信息内容广泛性强，进行移动学习时所选择的范围广，各类信息都有涉猎。在移动学习的形式和内容载体上，主要以文本、图片和视频的形式获取内容。

在移动学习内容呈现方式方面，多数青少年学生选择视频或音频形式，少数选择文本和图片。因此，青少年倾向于以视频、音频、图片和文本类的方式呈现移动学习内容，并希望获得相关辅助资料，与老师进行即时交流互动。

（三）青少年移动学习的动机

青少年大多在自习、零散时间或睡前通过软件或网站学习。青少年进行移动学习的动机主要是移动学习设备相对于传统学习方法所具有的优越性。移动学习设备外观小巧，操作直观、智能又可无线联网，使移动学习可不受时间和空间的制约。

二、青少年移动学习存在的问题①②

移动互联网以及其便携、智能化的特性，能够更好地满足现代人们在互联网上传播思想、获得信息和网络社会交流的需求。但是，网络资料混

---

① 宋艳.青少年移动学习现状调查分析 [J].数字通信世界，2020（11）：202.
② 陈哲然.搜题类软件对学生自主学习能力的影响及学习方法改进 [J].科技资讯，2018（29）：219.

杂多样，给青少年学习和获取信息也带来了负面的影响。目前，青少年移动学习中主要存在以下问题：

（一）青少年学生在移动学习中的主动性不足，自制力仍有待提升和加强，产生依赖心理，减少了在学习上的主动思考

学生在移动学习的过程中，容易被移动设备中其他软件或者网上其他信息干扰，分散注意力甚至放弃某个时间段的学习。部分学生很少主动进行移动学习，即使在教师要求下，也是应付式地完成任务，学习效果不理想。

由于学习App方便快捷的优势和特点，过度使用也可能会对其产生依赖性，一些不自觉的学生可能会利用它来寻求正确的答案，而不是很注重解题的过程，思维训练严重缺乏，创新思维培养不够，不但对于知识的记忆薄弱，知识结构体系有漏洞，还可能会养成不好的学习习惯。而随着教育的进步和发展，知识掌握难度的加大，只是浅尝辄止地去进行学习基本无法取得什么实际效果，需要强化学生主动思考的能力，因为这种思维训练在学习的过程中具有重要价值。

（二）青少年学生移动学习中浪费不少精力和时间，移动学习能力有待加强

部分学生依赖课堂教学和老师的讲解，当需要利用移动设备自己学习时，不知道该如何获取有效的学习资源；或者学习没有规划，不能有效合理地利用空闲时间，学习效率低。例如搜题软件并不是每道题的回答都符合搜题者所上传的题目；有的搜题软件答案很烦琐，过程很多；有的答案不清楚、不准确。而等待答案时间又比较长，造成时间的浪费。

（三）学习的客观条件有待改善，学习资源有待优化

学校等学习场所无线网络覆盖领域不够，网速较慢，有些学习App操作不方便；操作界面出现广告分散学生的注意力；有些收费软件收费较贵。这些外在因素都在一定程度上影响了学生移动学习的激情。另外，目

前互联网中的移动学习信息资源虽然数量众多，但是质量参差不齐，学生还在学习的阶段，查找和辨别移动学习信息资源的能力并不强，找不到适合自己的移动学习信息资源也将会在很大程度上降低学生对于移动学习的兴趣和积极性。如有的学习型 App 有很多广告推送，"趣味文章"直接设置在搜索作业的按钮下面，经常检查自己的作业就会不自觉地看起文章来。现阶段这些鱼龙混杂的学习型 App 正在遭遇越来越多的质疑，某些学习型 App 藏污纳垢，令人不得不担忧。①

（四）移动学习与课堂教学之间的联系有待加强

有的同学反映虽然他们都有移动学习的思路和想法，但没有采取任何实际行动，很大部分原因是不知道学习什么以及以何种方式学习。移动学习虽然说是一种碎片化的学习，但是仅仅依靠学生的主动性行为去独自完成是远远不够的，老师的参与将会给学生指明学习的方向。在进行移动学习初期，将移动学习和课堂教学紧密联系在一起，老师将部分学习内容扩展到移动学习中，让学生跟着教师的步伐，学会自己做出相应的学习计划，掌握相关的学习手段和方法，不仅有助于达到事半功倍的效果，更能让学生养成移动学习的习惯，有利于将移动学习转化为终身学习。

（五）信息量烦琐，对教师与学生造成困扰②

为了进一步深化对学习的认知，增加学生的基础知识储备，教师需要随时借助移动互联网来搜集、筛选出与课堂教学内容密切相关的资源、信息，其中包含大量的文字、语音、图片和视频。相关的信息量过大，必然会造成老师在筛选材料时无所适从，难以迅速地选取到其所需要的材料，有时这些材料中的部分信息甚至会严重地误导老师，影响教学的方向、手段及其内容，在一定程度上降低了教学的质量和效率。

---

① 董忧. 学习 App：海人不倦还是"毁人不倦"？融媒热点［J］. 齐鲁周刊，2018（11）：40.

② 邹新华. 移动互联网对中学生获取信息的影响［J］. 知识窗（教师版），2019（5）：80.

另外，信息量过多也容易使学生在课堂上分心，降低学习的效率。智能手机为青少年搜索教育活动资讯、信息材料、视频音像，增加老师和同学之间的交流互动。但是，移动互联网中也充斥着大量与学习无关的娱乐及不良信息，这些信息对青少年具有强大的吸引力，导致许多青少年沉溺其中，不能自拔，严重影响了学习效果。虽然现如今禁止中小学生带手机进校园，但也有个别中学生、大部分大学生在上课期间能够拿到手机。部分自控力较差的青少年学生经常在课堂上使用手机，沉迷影视追剧、刷朋友圈等，严重降低了学生课堂的注意力和课后的学习效率。

三、提高青少年移动学习质量的对策与建议[1][2]

（一）青少年自身角度[3]

1. 养成自我移动学习的习惯，提高自身的移动学习能力

随着年龄的增长，青少年的学习习惯要由老师、家长的监管模式逐步变成自主式学习模式。学习不仅仅包括课堂上的学习，更多的是课堂之外的付出。而移动学习因其没有固定的时间、没有固定的地点等优势，成为学生时间碎片中最好的选择。青少年都有一定的课余时间，教师需要在学生进校时就让他们开始接触移动学习，让学生了解学习仅仅依靠课堂上的几十分钟是完全不够的，只有学生感受到了来自学习的压力，才会自己主动找时间去学习，而不是将时间浪费在娱乐方面。在学生刚刚开始这种移动学习之初，也不能随意地任由学生自由地去发挥，而是要给予学生适当的指导，让学生认真地做好自己的学习方案，将移动学习和课堂学习有机地结合起来，形成互补的局面，逐步养成学生移动学习的良好习惯。

---

① 李佳颐，张秀兰. 青少年移动学习特点及影响因素 [J]. 办公自动化杂志，2011（1）：39.

② 宋艳. 青少年移动学习现状调查分析 [J]. 数字通信世界，2020（11）：202.

③ 李磊. 移动学习环境下青少年碎片化学习行为研究 [D]. 兰州：兰州大学，2018（6）：43.

整理碎片知识的能力是移动学习过程中必须具备的非常重要的能力。知识的零散性是碎片化学习的特征之一，面对很多杂乱无章的网络信息，青少年需提升自己整理碎片知识的能力，能够使用资源管理工具对所获取的碎片知识进行整理。比如将零散的知识进行重组、改造，将各种学习资源进行分类、整合，以构建自己的资源系统，方便自己提取有效的资源信息。但是，如今知识更新的速度非常快，青少年也要随时更新自己的知识体系，并定期在移动终端上删除一些没有价值和意义的资源信息。

2. 有效利用零碎时间，提高碎片化学习效率

在当今信息碎片化背景下，青少年利用零碎时间学习的实际效果不尽如人意。究其原因，一是青少年易受外在因素影响，零碎时间里很难做到有效学习；二是青少年接受过多不成体系的碎片信息，蜻蜓点水式的浅层学习达不到深度学习的效果。因此，要提高移动学习效果，就需要有效利用零碎时间。青少年需要对自己的碎片时间做出合理的分配和规划，比如哪个时间段适合自己学习，哪个时间适合自己与他人沟通交流等，以此来提高自己的碎片化学习效率。此外，青少年还要制定合理的碎片化学习目标，明确自己的学习内容，有计划、有步骤地开展自己的碎片化学习。同时，还要善于反思，对自己的不足之处，有应对措施，善于自我管理，善于随时调整自己的学习状态，使碎片化学习更加高效。

3. 提升自身的移动学习素养

青少年进行移动学习时自我监督能力差、效率低。由于没有多方监督，相比其他学习方式更容易受外部环境影响。青少年要进一步加强自身的移动学习能力和素养，设立合理的移动学习目标，对移动学习进行时间和效率上的规划并严格实施；提高自控能力，在进行移动学习时一定要充分集中注意力，不要因周围环境的变化而改变自己的学习计划；增强碎片化的学习能力，更好地适应移动学习的特征和技术要求，在进行碎片化的移动学习时要提高学习的专注度，高效利用。掌握对学习内容的甄别能

力，能对知识的真实性、准确度有自己独立的判断；① 培养移动学习习惯，推广移动学习、终身学习理念；② 熟练使用移动学习设备，能够灵活操作，在移动学习利用和学习内容获取上能方便、快捷，从而提高学习效率；增强网络沟通能力，方便移动学习者与教授者之间的沟通，将现实与虚拟联系起来，增强用户体验。③

4. 提高互动交流能力

任何高效的学习都永远离不开青少年的学习指导者和同伴的支持与帮助，但是，青少年与其他学习指导者的交流与互动不多，频率不高，与同伴间关于学习问题的沟通交流也没有常态化开展。因此，青少年要充分利用微信、QQ 等各种社交软件上的群聊功能，或者知乎、贴吧等各种学习互动平台，与其他学习指导者、同伴之间进行各种学习互动交流，及时解决自己所遇到的学习问题，分享自己的学习经验等。

（二）学校、社会、家庭角度

1. 加强移动学习资源环境建设

想要学生完全接受移动学习，就必须给学生提供一个良好的学习环境。学校实现无线网络全覆盖并保证较好的无线网速，使学生不必为学习过程中消耗的流量而担心，也不用因为网速太慢而放弃。筛选合适的学习App 给学生，在学习 App 中尽量避免广告和其他容易分散学生注意力的内容，给学生提供一个纯粹的学习环境。

青少年移动学习内容需求的范围广，不仅局限于专业课知识，需要的内容载体形式多样。课程太少以及课程单调呆板是影响移动学习积极性的

---

① 赵雪云. 移动学习环境下高校图书馆读者参与的服务模式研究 [J]. 农业图书情报学刊, 2017, 29（6）：149-152.
② 杨金龙, 胡广伟. 移动学习采纳转化为持续的动因及其组态效应研究 [J]. 情报科学, 2019, 37（7）：125-132.
③ 张良, 胡大鹏, 岳建平. 移动学习中培养青少年深度学习途径研究 [J]. 中国教育技术装备, 2019（11）：104-105.

重要因素；移动学习课程免费太少和费用太贵也是进行移动学习的限制因素，数据显示青少年在移动学习付费上比较理性。因此，应该进一步丰富移动学习资源，提供更多优质和高品位的移动学习信息服务，扩大知识覆盖面，深入了解用户的实际需求；同时对现有的学习资源进行整合，丰富其学习方法，并积极开发一些符合青少年要求的资源，制订个性化的资源库，① 从而增强青少年用户体验，扩大青少年用户使用范围。促进知识资源的有效共享，建立有效的知识资源合作和共享机制，提供更多免费的学习资源，对付费的知识资源要合理定价，为广大移动学习者减轻负担。②

2. 加快移动学习平台建设③

目前市场上专业的移动学习平台比较少，质量参差不齐，不够个性化，缺乏吸引力，因此要加强移动学习平台建设。目前大部分浏览器在手机上的应用还是基于电脑浏览器，对手机的适配程度不够，用户界面不够和谐，有些大型浏览器虽为移动设备构建专门的用户界面，但操作功能不如电脑版本浏览器完善，很多功能只有通过手机打开电脑版浏览器才可使用。

学习资源是移动学习的灵魂，学习资源质量的高低直接影响学习者学习的兴趣，学习资源繁多，质量不高也容易导致青少年移动学习效率不高。因此移动学习平台要优化移动学习资源，满足不同年龄层次青少年移动学习的需求，制订出适合他们特点的移动学习方案，提升青少年的移动学习体验和移动学习效果。大多数青少年都希望学习平台可以及时给予学生学习反馈和监督，移动学习平台要增进学习课程的学习监督，可以利用微信、App 等后台推送方式，适当提醒同学完成学习计划和任务。同时要

---

① 于岩，朱鹏威."互联网 +"环境下基于手机终端的高校移动学习模式研究 [J]. 情报科学，2020，38（2）：125-128.

② 郭宇，王晰巍，李婧雯. 新媒体环境下移动学习用户信息共享行为研究 [J]. 图书情报工作，2017，61（15）：34-42.

③ 贾燕. 移动学习背景下青少年学业拖延、现状影响因素与对策研究 [D]. 绵阳：西南科技大学，2020（4）：41.

对青少年进行移动学习的结果情况进行及时的反馈，并且可以在学习群体中积极开展"同伴学习监督""小组学习监督"的学习活动，适当地收取一些学习课程的费用，对于那些及时完成学习任务，没有拖延行为的同学适当给予奖励，这样也可以激励青少年积极地进行移动学习，提高移动学习的效果；同时可以为大家构建一个线上和线下交互式的学习体验平台，使得学习者和学习者之间，学习者和教师之间更方便地进行交流。① 因此要构建实用的移动学习平台，协调各方面因素，最大限度方便青少年进行移动学习。

3. 将移动学习引入课堂教学，改革教学模式

随着现代新兴的科学信息技术在教育教学过程中的广泛应用，教师与学生使用各种新型移动学习设备的机会也开始变得越来越多，移动学习设备在课堂内外都为不同学习者提供了一个无缝的学习空间。今后的教育将更加偏重于采用自主学习、体验学习、探索学习等各种混合式的课堂教学方式，但是究竟怎样才能让这种移动的科学信息技术真正有效地、更好地服务于课堂教学，将师生从技术的牢笼中解放出来，将课堂真正地还给学生，这个关键问题是我们需要认真进行思考的。单一的课堂教学模式已经不能满足日常教学的需求，将移动学习引入课堂教学，是对课堂教学的一个有力补充和优化。在新型课堂上，学生可以通过查询得到相关的资料和信息，这有助于扩大他们的眼界，打开思路，消除传统课堂教学中的信息孤岛。而教师在优质的专业教育服务和科学技术支持下，可以及时准确掌握每个学生实际的学习情况和状态，可以大胆地赋予学生充分的学习自主权。

移动学习系统是一种全新的教学模式，它将在线教育带入移动互联网时代，使教育机构管理更加便捷，效率更高。学生可以轻松将微课、作

---

① 张春燕. 基于微信的高职"计算机应用基础"课程移动学习平台构建与应用 [J]. 无线互联科技，2020，17（6）：100-102.

业、考试装进手机，真正使教学活动不再受时间、地点和场所的限制。移动学习支持在线问答，方便学生随时互动，建立掌上学习社区，为每一位学员提供更好的学习体验，让学习方式更加多元化。如何将传统的移动学习技术融入课堂教学中，就需要教师积极地去适应时代发展，结合当前现有技术与学习 App，主动创新教学模式，在教学内容、方法以及教学技术等方面都对其做出了相应的更新与调整。只有老师们认识到移动学习在课堂中的作用，并将其融入平时教学中，才能引导和带动学生积极主动地进行移动学习。

4. 增强学生自我监控意识，注重教师、家长的监督作用

信息化社会背景下，青少年接触的信息除了学习资源外，还有许多非学习信息，导致青少年在学习时，容易被非学习信息干扰，注意力分散和学习中断。因此，既要帮助学生培养和增强自我监控的意识，充分发挥其主观能动性，增强其自主计划和反思的能力，也要帮助学生树立自主学习的主人翁意识；教师要注重将传统课堂学习模式和移动学习模式相结合，设置恰当的评价形式，例如对微课堂实施考核、平时成绩奖励等，充分发挥教师在促进学生移动式学习过程中的指导和监督功能，从而大大提高了学生的学习效果。青少年可以以班级为单位，创立微信或 QQ 群，并设立一个或多个管理人进行监督，每天安排一定的有效学习内容为目标，并规定完成的具体时间。未在规定时间完成的，管理人员应予以监督提醒，群成员也可以相互提醒。通过这种有效的监督措施，提高青少年移动学习的有效性和专注力，减少非学习信息干扰。

现在绝大多数移动设备中也都有"家长控制"的功能，但是这个家长控制功能的命名并非只限于"家长控制"。以华为各种移动设备为例，该系统的学生管理功能被命名为"学生模式"，开启"学生模式"的管理功能，统一管理孩子使用手机的时间段、可用应用种类、安装应用的权限等，此外也可以远程定位孩子的位置信息。充分运用移动设备中"家长控

制（访问限制）"的功能，有效地避免学生在学习期间被其他因素所干扰。"家长控制"功能可以有效地防止学生使用移动设备时进行各种娱乐性的游戏，观看视频、聆听音乐等活动，还可以对学生浏览的网站进行限制。更有些设备的"家长控制"功能可以限制 App 所使用的时间或者是时段。掌握"家长控制"这个家庭管理功能，可以有效地解决学生在学习期间玩手机的问题，以及一些学生上网沉迷的问题，是家长们最得力的帮手。①

四、移动学习案例

（一）微信在中学英语课堂教学中的应用②

微信是新型网络交友式互动平台，具有信息公布及时、交流便捷、互动性强、操作简易等优势。把微信技术应用到中学英语教学中，能有效地提高学习效率。

1. 创建教学微信群

微信群属于讨论交流群。微信建群十分方便快捷，只要有网络的地方，用户就可进行面对面建群、扫描群二维码进群或已入群者拉其他用户进群。在群内可分享图片、语音、视频和公众号推文等。

微信与教学的结合属于课外辅助教学。在实施微信平台辅助教学时，教师要提前做好教学内容计划，将第二天上课要用的学习资料，如单元单词表、课文音频、重点短语、书后习题及答案等分享在班级群，让学生做好课前预习。在中学英语学习过程中，词汇学习占十分重要的位置，对于这部分内容的学习，教师可限定时间，通过打卡的方式了解学生的完成情

---

① 刘哲鸣. 中小学作业 App 应用现状与对策研究——以郑州市为例 [D]. 开封：河南大学，2018（6）：75-76.

② 薛锦，邵华. 移动学习在中学英语教学中的应用研究——以微信平台为例 [J]. 英语教师，2020（18）：107-108.

况。针对课后复习，教师利用微信群帮助学生梳理课堂重点知识。接受能力差或课堂注意力不集中的学生可反复学习，而基础较好的学生可强化、巩固知识。写作是中学英语教学的一个重要板块，有研究表明，纠正性反馈对英语写作起到了积极的促进作用。为此，教师可在微信群布置写作题目，让学生在规定时间内完成并上传，随后进行针对性纠正反馈，从而提高他们的英语写作水平。

除了班级微信群外，教师也可建立一个家长群，用来发布任务通知，请家长积极配合。同时，家长可以充分了解学校的课程教学内容和进度，实现学校、教师和家长三方共同努力，从而促进学生进步。学校可以开展与英语学习有关的活动，如英文朗诵比赛、英文辩论赛、英文歌曲比赛等，教师可以将活动现场的照片和视频直播到微信群，这样既满足了学生展现自我风采的欲望，又让家长了解了孩子在学校的动态，增进了学生与家长之间的交流。

2. 建立英语学习微信公众号

微信移动式学习平台的最显著优势就在于可以为学生拓展自己的学习领域，提供更多丰富的学习资源。目前许多学校已根据自身情况开发了专属的微信公众号。学校可以利用微信公众号的订阅与及时推送功能，及时发布学习资源与活动信息。为保证高质量地推送消息，公众号对推送信息数量有一定的限制，因此负责打理公众号的相关工作人员应精心设计与编排英语教学和学习内容。所推送的内容既要基于所学教材，又要适当拓展，同时要增添趣味性，激发学生参与，从而提升他们学习英语的热情。另外，所推送的内容要迎合学生的审美，语言要清晰简明，以利于他们理解、吸收。学校的公众号也可以整合其他优秀学习资源，从而节省学生额外搜索的时间。

学生在订阅学校微信公众号后，可接受来自平台的消息推送，并根据个人的喜好和需要筛选信息。对于喜爱的、有价值的内容可点击"收藏"，便于日后反复查看。点击文章末尾的"在看"功能，学生的微信好友便可在"发现"功能下的"看一看"选项中浏览到其所分享的内容，这有利于学生之间进行学习上的交流，实现资源共享。教师也可以向学生推荐一些高质量的公众号，积极引导他们的移动学习。

（二）移动学习 App 在考试中的应用①

1. 学校层面

学校组织搭建专业的学习交流平台。根据每个用户所使用的设备不同，将文化虚拟服务平台的构建划分成了网页版客户端和移动终端的手机客户端，二者皆包含了课程、论坛、题库和用户中心四个基本的模块。课程模块主要涵盖了课程、知识点、笔记和超星课程四大组成部分。题库模块包含历年的真题与练习两部分的重点内容。在各个模块中都配备了一名固定负责管理工作的老师，定期更新资源库。教学因而突破了时间与空间上的局限，课堂教学由课内扩展到了课外。

2. 教师层面

老师采用线上、线下相结合的模式指导每一个学生进行备考。任课老师基于 QQ、微信这些移动客户端搭建一个方便的线上辅助服务平台。随着"互联网+"的迅速推进和发展，微信、QQ、微博等多种网络通信服务平台的出现，实现了一种多功能集于一体的网络通信交流，并且这种网络通信系统能够很好地实现与其他网络通信平台的互跨，可以较好地用来与学生进行线上的交流，及时地进行辅导，了解每一位学生的真实学习情况和状态，并对他们做出及时的反馈。

学校安排活动，教师与学生定期开展备考交流分享等一系列线下活动，可方便教师对学生进行辅导，给学习自觉性较差的同学一个学习的地方，也给了学习认真的学生和教师面对面交流的机会。

———————————

① 许剑萍. 移动学习模式下教师资格证"国考"备考策略 [J]. 学园，2018（23）：18.

3. 学生层面

在这个信息时代,学生要善于用移动学习的方式,提高自己的学习效率。移动学习基于移动互联网展开,学习的途径、时间和地点更加灵活。一部智能手机或一台电脑就可直接用来学习,方便快捷的学习载体可以让每一个学习者都能够更加合理、有效地利用自己的时间,提高学习的效率。除去学校老师专门使用的网络学习服务平台外,一些相关的学习 App、课程录像、考生的备考指导书、考试材料等学习资源均可以直接在互联网上搜索和查询,方便了学生积极参与学习。

基于互联网开展的移动学习,要求每一个学生具备较高的学习自觉性。就比如在网上观看一个教学视频,因为具有了信息的回放、暂停等功能,学生非常有可能在中途停止学习而去网上商店进行购物。尤其使用智能手机进行移动学习,这样的情况更加严重。在学习的期间,好友给他们发来了消息或者某个网站推送的消息都可能会吸引学习者的注意力,导致他们无心学习。这样的情况时常发生,这就要求备考的学生具有较强的自觉性和控制能力,安排好学习和娱乐的时间。

对于大学生来说,其学习的时间比中学生要多,也比较灵活。如何把零碎的时间进行合理规划和应用,就是移动学习的核心和灵魂。合理地利用平台资源、丰富的学习渠道,学习才会事半功倍,从而充分发挥移动学习平台的优势。巧用各移动学习平台,增加对理论知识的研究、名师课堂的学习、历年真题的练习等。网络带给大家新的学习方式,也拓宽了学习的渠道,选择适合自己的学习方式,便是成功的一半。

移动学习这种模式基于移动互联网的出现和兴起,大大地丰富了学生的课程学习途径和方法,使得学生的学习更加有效快捷。移动学习模式的方便快捷能够为备考学生带来更多的学习机会和较长的学习时间,各个备考者都应该及时地抓住这一点,善用移动学习、巧用移动学习。

第七章

移动网络时代青少年教育的变革

随着移动互联网的日益普及，人们的网上交流变得越来越广泛，移动互联网逐渐深入人们生活的各个方面。互联网与现实社会的差异促使新时代的教育也面临着诸多变革，在"互联网+"教育的大背景下，各种资源变得更加丰富，获取更加便捷，操作更加智能，交流更加方便，青少年已经成为"网络原住民"，社会、教师、家长的教育方式必须发生改变，否则难以适应移动互联网时代教育发展的要求。

第一节　青少年移动学习中的问题及建议

2021年我国未成年人网民用户总体规模为1.83亿人，未成年人的互联网普及率已经达到94.9%，这充分说明了我国未成年人互联网使用已经相当普及。城乡未成年人互联网普及率基本拉平，两个群体之间的数字差别由2018年的5.4个百分点下降至2019年的3.6个百分点，2020年进一步下降至0.3个百分点。这意味着我国未成年人的互联网使用将从"增量"阶段转向"提质"阶段，重点是如何利用互联网帮助未成年人更好地生活、学习。① 我国移动互联网的普及和迅猛发展，给广大青少年的正常学习和工作生活带来了诸多便利，使他们能够实现个性化的学习，充分发挥自己学习的积极性。在学习的过程中如果遇到学习上的问题，就可以随时随地通过移动互联网与教师和同学进行交流。借助移动互联网，教师能够及时地掌握每位学生的情况和课程学习进度，又能够及时向每位学生反馈其学习结果。通过移动互联网，青少年还能够接触到更多课本外的知识，扩大视野、提升综合素质。另外，微信、微博等互动式沟通工具，能够给青少年群体提供一个自由的探究和交流空间。

众所周知，网络是一把双刃剑。移动互联网在给青少年的健康成长以及生活发展带来诸多便利的同时，也带来了一些无法回避的问题，如手机游戏痴迷、增加学习思考和探究的惰性、人际关系疏离等。那么，青少年在使用移动互联网进行学习的过程中会出现什么样的问题呢？他们又该如何健康使用移动互联网进行学习呢？这里一并提出一些建议。

一、青少年利用移动网络学习中存在的主要问题

网络的飞速发展已经使得人们逐步地远离了现实的世界，这给人类的自我认知和自己的定位都带来了巨大的威胁，在虚拟的网络社会里人的焦虑与不安成为一个普遍的现象，生活在网络虚拟环境中的青少年不可避免地会受到影响而出现网络心理方面的问题。例如因为网络使用不当而沉迷网络游戏、社会孤独和焦虑、道德冷漠、人际情感疏远、侵犯他人隐私等现象。青少年正处于知识积累的重要时期，通过移动互联网进行学习，不仅极大地拓展了学习渠道和知识视野，同时也培养了创新能力，但对认知及思维发展也会产生一定的不利影响。很多时候一些学生遇到问题就会利

---

① 中国互联网络信息中心. 2020 年全国未成年人互联网使用情况研究报告 [R/OL]. 中国互联网络信息中心网站，2021 - 07 - 20. http：//www.cnnic.cn/hlwfzyj/hlwxzbg/qsnbg/202107/t20210720_ 71505. htm

用各种学习 App 查阅答案，自我学习、思考、探索很难深入推进，这无疑增加了学习思考问题的惰性。长期下去，学生的思维能力和学习能力就会下降，创新力得不到培养，在学习上日益依赖网络。有的青少年学生将大量的空余时间都投入网上聊天、游戏等方面，自然也就不再有空余的时间去学习、活动及休息。他们往往会因为厌恶学习，编造各种原因逃避上课，害怕和逃避考试，导致自己的学习成绩直线下降。学习是一项非常辛苦的脑力劳动，这就使那些痴迷于网络、依赖性较强的学生不愿学、无心去学、害怕学习，产生严重厌学、逃避学习的不良心理。青少年学生移动学习中存在的主要问题主要表现在以下方面：

（一）学习方面的问题①

1. 没有做好移动学习规划，移动学习具有随机性

大部分青少年学生在进行移动学习过程中，没有具体的移动学习规划。很多时候的移动学习只是在传统学习遇到困惑的时候，利用学习 App 查阅答题思路。虽然移动智能设备触手可及，可以很方便地进行学习，但是青少年对移动学习的积极意义和作用缺乏了解。大部分的青少年都对移动学习具有浓厚的好奇心和兴趣，但是他们并不清楚如何利用移动设备去开展移动学习，这就无法使青少年根据个人的特点利用移动学习的优势来进行相关的规划，没有系统的移动学习计划，容易使青少年在移动学习过程中缺乏坚持，易受到干扰，学习效果不佳。

2. 由于缺乏自制力，学习过程中容易受其他因素干扰

在移动学习的过程中，青少年能够自行确定学习的时间、地点以及学习的进度，青少年能够对自身所从事的各项学习活动具有一定的自主控制权。同时，灵活、自由地移动学习环境又取决于青少年的自我控制能力。因此，在移动学习的整个过程中，除了对青少年学习者的自我控制能力提

---

① 王慧洁. 青少年移动互联网学习行为及影响研究［D］. 北京：北京邮电大学，2018（3）：31-41.

出较高的要求以外，也要求青少年学习者具备一定的自我管理能力。青少年缺乏一定的自控能力和顽强的坚持性，在运用移动设备进行学习的过程中，由于各种原因会在学习中途被迫退出。有的学生在学习过程中会同时浏览其他与学习内容无关的网页；有的甚至会通过即时通信软件与同学们进行各种与学习毫无关系的交流；另外有些甚至放弃当前的学习任务而做一些与学习无关的事情，如打游戏、看视频等。

3. 青少年利用移动设备获取知识的能力不足

青少年虽然已经具备了充分运用移动设备进行学习的意愿，但是青少年由于受到年龄、知识储备等因素的限制，与成人相比，他们利用移动设备获取有关学习类知识的能力稍显不足。他们缺少使用移动设备检索有用信息的方法，对很多移动学习平台也不够了解，获取学习类信息的效率不高。

4. 缺乏行之有效的监控管理措施

在课堂教学中，老师们能够根据学生的课堂具体表现情况和及时的交流、沟通来发现一些困惑和问题，从而及时调整自己的课堂教学计划，以期能够实现良好的课堂教学效果。在移动学习的过程中，学生的独立自主意识逐渐增强，师生之间尽管可以实现一种跨越时空的互动和实时交流，有效的互动和交流却不是那么多。在虚拟的学习平台中，教师很难对学生的移动学习过程进行有效的监控。有效监管机制的丧失，导致了青少年在移动学习方面的学习效果被大打折扣。很多青少年和父母在电脑里都已经下载了解决问题的软件，有的孩子在写作业时，会通过使用这些搜题软件拍照的方式来获得问题的正确答案。过度地使用这类搜题软件，容易形成惰性的心理，影响其独立思维与学习的能力。

（二）情绪情感方面的问题

青少年阶段的学生情绪情感丰富，网络中的虚拟性、匿名性和开放性，很容易使青少年的某些情绪情感体验得到满足，从而容易在情绪情感层面出现一系列的网络心理健康问题。如典型的网络孤独症、网络焦虑症及网络情感冷漠症等不良的心理健康状态，严重影响了青少年儿童正常的学习、生活及人际交往。

有的青少年过分沉迷于互联网，导致对情感的消沉和迷失。网络为我们在现实生活中的各种压力和困惑的宣泄提供了一种解脱和得到释放的途径，对于有效地保持内心平衡，维护身心健康都是有利的，可以在一定的范围内有效避免各种异常心理的发生。但是，长时间上网会让我们的大脑处于高度兴奋的状态，会让人更加颓废、消沉。如果长期沉迷于网络，又由于自身缺乏自控能力，容易使自己走进网络的误区，就很有可能导致情感在社会化方面的不足和情感上的偏离，引起自己情感的严重匮乏、冷漠、异化和迷失，严重的甚至还可能会导致情感冷漠症。情感冷漠症是一种没有任何节制地沉迷上网后的一种心理障碍，其主要特征之一就是对外界的各种刺激缺少相应的情感反应，对自己的亲朋好友感情冷淡，对周围的一切事物也都逐渐失去了兴趣，面部表情呆板，内心的自我感受比较欠缺，严重者有时候对一切都漠不关心。

由于大部分青少年在使用网络中缺乏正常的社会情感疏通，人们很难正确地表达自己的思想和情绪情感，再加上网络上浮躁的语言与画面的刺激，青少年由于心理的应激而压力急剧增多，引起焦虑，焦虑又往往被网络所强化，形成了网络焦虑症。从心理学的角度来看，一个人如果把注意力集中在特定事物，那么对其他事物就会有不同程度的忽视。青少年长期地依恋于互联网这个虚拟世界，必然会导致他们在生活中产生精神上的孤独，形成网络孤独症。网络孤独症也是许多青少年网民普遍存在的心理问题之一。

（三）人格发展方面的问题

人格的形成和塑造是一个长期的过程，不仅使个体受到了外界环境的冲击和影响，同时也是个体主观能动性得以充分发挥的结果。因此，青少年在虚拟的网络世界中的一些随心所欲的行为，会对青少年的人格塑造产生一定的不良影响，从而形成青少年人格异化、角色混乱、道德失范及网络自我弱化的心理状况。

一些青少年由于长期地沉迷于各种网络游戏，以寻找精神慰藉和内心宣泄，会形成人格障碍，如攻击性和退缩型人格障碍、人际关系障碍、双重人格或多重人格，甚至可能导致人格的畸变。这主要原因是长时间与互联网打交道，失去了自己对周围的社会和现实环境的接触能力和参与的主动性。从而很有可能造成孤僻、冷漠的心理及责任感缺乏，这些都不利于青少年良好个性品德的培育养成和身心的健康成长。

青少年过度上网交友将导致社会孤立感、社会焦虑感等方面的人格异化及扭曲。在当今互联网时代，虽然大多数青少年都能够充分地张扬其个性，增强处理问题的独立性与自主性，但他们人格上的统一性被严重地影响和破坏，知、情、意的和谐统一因此而出现了动摇，有时还可能出现困惑和矛盾冲突等各类心理危机，导致发生各种心理疾病，甚至可能导致人格扭曲，道德意识弱化，道德情感淡化。网络采用的是分散结构体系，具有不可控性。虚拟的文化生存空间使全球信息、文化及资源交流与共享，各种不同文化之间的思想观点、价值取向、宗教信仰、风俗习惯和生活方式直面冲突。有时合法与违法、犯罪和没有犯罪都很难做出正确判断，青年人很容易产生脱离社会规范的失范心理，甚至还有可能导致网络出轨行为。因此虚拟的生存状态为人类网络行为提供了一个安全的屏障，也可能使得一些非正当、不道德的行为披上美丽的虚伪外衣，从而直接导致互联网社会中虚假信息的泛滥和非道德现象的频繁发生。一种"特别自由"的网络心理和"为所欲为"的冲动，可能使得某些青少年的网络犯罪行为严重地失去控制，道德自律意识严重丧失，自我管理能力明显倒退。

（四）在人际交往方面的问题①②

移动互联网时代的青少年，网络交往在人际交往中占据的时间和比重越来越大，虽然能够扩大青少年的社交圈，但有的青少年在生活中一旦离开了网络，将会产生无所适从的感受，长期下去会使青少年的人际交往能力受到不良的影响。很多学生在面对面的线下状态，无法进行交流甚至不懂得如何交流。严重的情况下还会产生人际关系受阻、自我封闭、人际情感缺损及网恋等现象，进而形成青少年人际交往层面的网络心理健康问题。

1. 长期沉迷网络，导致生活缺乏热情，产生孤独感

当代青少年正处于情感互动体验的一个快速发展时期，情绪的波动起伏较大，情感上的互动体验较强。有些青少年沉浸在网络之中不能自拔，从而阻断了社会情绪体验的渠道，使自己在人—机相互交往中慢慢地变成了社会情感冷漠的机器，造成了情感的迷失。以至于对现实生活中他人的愉快和幸福漠不关心。久而久之，必然会引起情感的匮乏和冷淡，进而产生各种心理上的焦虑。过多地使用网络可能会导致自我孤独或者抑郁症明显加剧，并且可能会导致社会参与程度明显减少、心理幸福感有所降低。网络对青少年日常生活的影响主要表现在生活规律等方面，比如网络造成人的睡眠和日常膳食都没有规律等消极影响。网络的过度应用还可能会导致厌食、失眠、精神萎靡等多种躯体性疾病。让青少年眼花缭乱的网上信息，会使学生神经过于紧张，对现实生活厌烦、排斥，感到孤独和精神无所寄托，少数学生不愿参加各项活动，缺乏生活热情，孤独感日趋增强，从而产生孤独心理。

这种网络化的孤独可能会导致青少年之间的交际沟通能力下降，出现

---

① 孙莹. 关于青少年网络心理健康教育研究 [J]. 传播力研究，2020，4（18）：183-184.

② 郑若冉. 新媒体环境下青少年网络心理健康教育策略分析 [J]. 科技资讯，2019（30）：176-177.

紧张、孤僻、冷漠等各种心理功能发生失调的情况，严重时还可能会造成自闭症或抑郁症等各种心理问题。究其原因，一方面，原来的人际关系缺乏可以长期维持的感情输入。许多学生把网络交流看作一种真正的人际交流，在网上浪费了自己太多的时间、精力，主观和客观这两个方面都忽视了现实生活中真正的各种人际交流。另一方面，新的人际关系更加缺乏稳定。网络友谊的建立固然容易，其消失也同样迅速，因此人的情感经常处于随网漂浮的状态，产生了孤独感。

2. 过度依赖网络，造成人际关系虚拟化

很多青少年上网的最初目的仅仅是获取资讯、缓释压力、排解心绪或者消除孤独感，久而久之被网络世界所深深地吸引，开始把其作为自己精神寄托的主要地点，以为网络是解决一切问题的灵丹妙药。殊不知，这正是青少年互联网认知错误。实践表明，网络往往无法帮助我们缓解自己的孤独，一旦离开网络反而会更加空虚、茫然、无助，甚至可能导致身体和精神上的问题。

当他们在网络世界中以隐蔽和匿名的身份进行人际交往时，无须过分担忧这种人际交往会给自己带来现实社会中所面临的各种压力，网上的人际交往显得更加简单。青少年如果沉迷于互联网，就会减少外部的人际接触，他们会变得与现实社会、真正的人际关系相隔离。有些学生性格内向，又不善于表达，在虚拟的网络空间里却变得反应敏捷，喋喋不休。随着他们每天花在网上的时间越多，与别人接触和沟通的时间也就越少，朋友也就越少，现实生活中的圈子也就越来越小，生活也就越来越封闭，人际交往的兴趣和能力也会越来越弱。过度依靠互联网的年轻人，有可能为了逃避人际交往，产生一种社会交往中的自卑心理。因此，很多青少年在日常的各种人际交往中往往显得笨拙，不善言辞，交际能力比较差。

3. 容易导致社交恐惧症

因为网上聊天具有很多的虚伪和说谎的成分，长久下去可能会导致人际间的信任危机。一些青少年在网上异常积极而且活跃，但是当他们在下网后往往变得孤独内向，与其在网上的行为习惯判若两人。一些青少年仅仅通过简单的键盘就已经可以完成虚拟社会的人际交往，对现实生活中的人际交往则往往产生一种厌恶、逃脱、恐惧的心理，甚至有时怀疑自身的人际交往能力，形成一种恶性循环的社交恐惧症。

（五）组织纪律方面的问题与道德弱化现象

在虚拟的网络世界中，青少年能以不同的身份进行网络行为的参与，而较少受到相关规范、制度的约束。有的青少年在网上的行为直接地影响了他们的工作和现实生活，表现为自由散漫，没有严格的社会纪律，生活随意，社会责任感被严重削弱，甚至一些青少年在网上交往中存在着许多问题，比如网上语言粗鲁、人身攻击等非道德行为，很容易造成道德情感的严重丧失或道德软弱，严重干扰了正常的学习生活。网络交往避免了传统的面对面的社会交往，产生了现实生活的距离感，淡化了人与人之间的真挚情感，面对不理想的社会生活现实，容易在心理上感到悲观失落和消极。长此以往，青少年将难以顺利地完成虚拟网络世界与现实世界的相互转换，无法按照现实社会以及学校规章制度进行生活、学习，严重的甚至走上违法犯罪道路。

二、青少年健康使用移动互联网进行移动学习的合理化建议

移动互联网时代的学生，都是伴随着智能电子设备长大的一代，几乎人手一部手机或者平板电脑。随着"互联网+"教育的兴起，移动互联网给青少年的学习带来了巨大的变革。青少年学生可以利用移动设备终端在任何时间、任何地点查阅任何自己想要的学习内容。移动学习在带给学生便利的同时，自然也存在很多问题，需要青少年学生认真对待。

（一）从认知上转变传统的学习观念，养成积极主动的移动学习态度

很多时候，传统的学习都是老师布置学习任务，在规定的时间内由家

长、老师督促完成。这种情况下的学习，学生基本上处于被动学习的状态，很多时候甚至对于完成学习任务有很大的逆反心理，严重的导致亲子关系、师生关系紧张。因此，积极的学习态度对提高学习的效果至关重要，可以促使青少年形成良好的学习心理行为习惯。同样，消极的学习态度也可能会妨碍他们的学习行为。在当前的移动互联网时代背景下，学生在使用手机进行移动学习的过程中体现了很强的学习自主权，这是一种真正意义上的自主学习，自主学习是培养和发展学生自主学习技术能力的一种有效方式。要搞好自主学习，学生需要对自身的学习方法、个性特点有一个全面的了解，需要摆脱传统的依赖老师、家长的教育，更好地适应移动互联网时代的自主开放学习。青少年学生要在老师、家长的指导下，自觉地成为学习的主体，充分发挥学习的积极性和主动性，利用互联网手段学会学习，并掌握更科学的自主学习方法，对学习的内容进行更深入的思考，独立地探索和解决学习过程中遇到的问题。①

（二）激发移动学习动机，充分发挥自我移动学习的主观能动性

动机往往被认为是导致和维持一切学习活动的重要影响因素，缺少了学习动机，学习行为就无法正常启动。学习动机对促进青少年各项学习活动都具有较大的推动作用，是激励青少年主动投入学习活动的内在驱动力，能够提高青少年在学习活动过程中的努力程度。然而，青少年的心理发展并不成熟，面对互联网络给他们带来的各种麻烦和诱惑难以防范和抵御，甚至许多学习上有困难的学生为了逃避现实，选择在互联网中自由地寻找一些可以释放学习压力的游戏或者其他娱乐活动，造成学习动机的减弱甚至是缺失。所以，激发和强化青少年的内在学习动机对调动其学习的主观能动性有着非常重要的作用。良好的学习动机可以促使青少年建立一个明确的学习目标，青少年移动学习动机越强，那么就比较容易建立明确

---

① 王芳，李尕. 互联网时代学生自主性学习变化趋势探析 [J]. 宁夏教育科研，2019
（3）：35.

的学习目标，并在实现这个学习目标的同时，对学习时间和任务的执行情况进行一定的监测，从而确保具有很好的移动学习效果。在学习过程中遇到一些困难或者是有问题的情况下，青少年可以利用移动设备与老师、同学进行互动和沟通交流，寻求帮助，从而使遇到的困难或者问题能够得以有效解决，进一步强化自我移动学习的动机。

（三）根据自身的学习情况，制订合理的移动学习计划，并优化学习策略①

移动学习比传统学习在学习时间和学习内容上更加自由、零碎。因此，要进一步锻炼和提高自主监督能力，在开始移动学习之前咨询各位老师及家长的建议，制订切实可行的移动学习计划，规划好自己的学习时间与所需要的课程内容，以避免在移动学习中失去了正确的方向或者是随意停止。在进行移动学习的整个过程中，学生们还要积极地做好学习之前的准备工作，并及时地调整自己的学习计划，对学习的过程进行自我监测、修正和评价，提高自己的学习觉悟和自律意识，自觉抵御网络上的各种诱惑，增强学习的意志力，专心致志地完成学习任务。

移动学习是一种以互联网技术为基础的新型学习形式，因此，在移动学习的整个过程中，学习者很有可能会面对大量的信息。要对这些信息实施科学化、系统性的管理，从而真正提高青少年移动学习的效益，还必须不断优化和完善移动学习策略。这就要求青少年必须在移动学习环境之下具有良好的学习习惯和思考意识。因此，青少年要不断地提高自身的信息素养，迅速地在海量资源内搜集到一些价值较高的资料，并且能够对其中的内容进行甄别、归纳、整理。

（四）善于利用移动设备与同伴交流、分享学习成果

大多数青少年学生都很喜欢使用移动设备与同伴之间进行互动和交

---

① 王慧洁. 青少年移动互联网学习行为及影响研究［D］. 北京：北京邮电大学，2018（3）：31-41.

流。大部分的青少年在移动学习的过程中，与来自移动互联网学习社区的同学之间都有互动和沟通，沟通的主要方式就是充分运用 QQ、微信等即时通信的工具，其次就是在各类学习型 App 上直接进行交流。再次，有不少学生在移动学习的过程中，遇到一些好的学习材料就会去搜集和收藏，并与身边的同伴一起进行共享。总体来说，青少年比较接受利用移动设备与同伴进行交流。

第二节　移动互联网时代的教育变革

21 世纪移动互联网的到来，将人类真正引领到了信息时代。目前，移动互联网由于具有开放性、全球化、虚拟性、平等化、共享性、便利化、移动性、多样化、信息容量大等优势，已经完全地融入我们的日常生活，使得人类社会发展步入了一个崭新的移动互联网络时代。移动互联网已经成为青少年重要的学习和娱乐平台，对其学习和生活的影响不断增强。随着移动互联网的快速发展和普及，我国青少年的互联网普及率已经相当高，而且随着互联网向低龄儿童渗透和普及，越来越多的未成年人在学龄前就开始接触互联网。目前我国对于青少年的网络素养教育尚不够健全完善，网络防沉迷的知识水平、网上操作的技能、网上安全意识和自我保护能力还不够高，这些现实情况都对社会、学校和父母的家庭教育都提出了一个更加强大的挑战。①

在当前这个移动互联网时代，青少年可以通过智能手机或者是平板电脑上的微信、QQ 等各种社交软件与别人进行信息沟通和交流，如此就有

---

① 中国互联网络信息中心. 2020 年全国未成年人互联网使用情况研究报告［R/OL］. 中国互联网络信息中心网站，2021-07-20. http：//www.cnnic.cn/hlwfzyj/hlwxzbg/qsnbg/202107/t20210720_ 71505. htm

可能大大地减少面对面的沟通次数，青少年与他人之间进行面对面信息沟通的能力就会降低。很多时候，青少年没有真正认识到如何去和陌生人沟通。青少年时期是个体性格形成的关键时期，也是他们人生成长历程中最为关键的阶段。若在虚拟空间中太过于沉溺，既不利于现实生活中的人际交往，又很容易与其他社会群体产生隔阂。再者，青少年群体正处于人生观和世界观逐渐形成的重要阶段和发展时期，在当今的移动互联网上，尽管信息数量十分庞大，但是信息的质量有高也有低，面对一些灰色的信息，难免还是会有抵制不住诱惑的心理，从而引起一些冲动或者说都是过激情绪和行为。长此以往，难免给社会发展带来负面影响。在当前我国大力扶持和推广"互联网+"的新经济时代背景下，移动互联网时代也必将伴随其来临。为了给广大青少年提供一个安全、绿色的网络环境，不论是家庭、学校，还是社会各界，都应当对此充分重视起来，迎接移动互联网时代教育的挑战。①

（一）移动互联网时代社会教育的应对策略

1. 重视学龄前儿童的上网管理和引导

学前儿童涉网的情况越来越多，过早接触电子产品，对幼儿的视力等身体健康方面影响巨大。当前幼儿近视、弱视情况也越来越普遍，这都与过早接触移动电子设备有关。因此，社会各有关职能部门要采用多种方式降低未成年人沉迷网络的风险，倡导科学、健康、积极的育儿方法，确保未成年人健康成长。社会各界要进一步加强对在校学生所携带的移动设备等智能化产品的监督和管理，同时密切地关注那些可能会过度使用互联网的学生的家庭情况，对那些有困难或者是流动青少年的家庭给予关爱和帮助，避免孩子把上网当成精神寄托。2021 年 1 月 15 日，教育部办公厅正式下发了《关于加强中小学生手机管理工作的通知》（以下简称《通

---

① 覃骏龙. 移动互联网对青少年学习和心理的影响研究 [J]. 青春岁月，2018（1）：233.

知》),《通知》要求中小学生原则上不得将个人手机带入校园。该通知为保护学生视力，让学生在学校专心学习，防止沉迷网络和游戏，促进学生身心健康发展提供了有效的政策支持。互联网服务企业首先要切实地承担起社会责任，完善上网用户实名验证、时间限制、内容安全审查等系统运行监督管理机制，进一步整合软硬件、操作系统、运营商等多方面的信息技术支撑能力，形成统一联动的未成年人健康安全上网管理机制。

2. 网络教育要根据各个学历阶段的未成年人特点，因材施教

未成年人的网络社会属性从初中阶段开始逐步形成，高中得到逐步巩固，应基于这一特点进行差异化教育。针对当前广大小学生以及学前儿童网民，应该更加注重对上网行为持续时间的严格控制，每次利用电子产品上网的时长控制在30分钟以内。培养孩子们对互联网的正确认识，鼓励孩子们充分利用网络空间吸取健康有益的知识，避免过度的网络休闲娱乐，尤其应该避免涉猎网络游戏等容易痴迷的内容。针对目前处于青少年时期的初中生网民，应该更加注重其互联网技术应用的基本技能和互联网网络文明素养的培养，重视健康上网、文明上网、信息安全等各个方面的教育。针对高中生网民，应该进一步锻炼他们网络资讯甄别、学习工具运用、创新创作等各个方面的能力，培养他们对现实社会和互联网络社会的正确了解和认识，并鼓励他们积极地利用互联网提高自己的创新创造能力。

3. 各部门齐抓共管，合力推动全民网络素养教育

在现代信息技术和互联网络高速发展的当下，网络文化素养既是一种适应互联网时代需要的基本能力，更是人们在网络社会中的个人素质修养。首先，网络素养主要是网络相关知识和技术能力的一种综合性表现，它涵盖了网络中相关资源信息的获得、分析和处理能力，对网络信息的辨认和鉴定能力、对网络信息的审视和解读能力、对网络信息的生产能力、网络自主学习的能力、自我约束与管理能力等。这些知识和能力与个人所

参与的所有互联网活动都有关，从通晓基本的互联网工具，如搜索引擎、电子邮箱，到能够进行分类、整理和甄别有关互联网的信息，再到积极地参与互联网的共建。

其次，网络素养还包含了个体在完全具备这些知识和技能之后在某种意识范围内所做出的各种复杂行为。网络素养反映在我们生活中，主要有两个方面，一个是不要去影响妨碍，甚至陷害他人，第二个是能自觉预防、阻止他人对你的不利影响。我们要有不去影响妨碍他人的道德要求，同时要具备不被互联网上的不法分子伤害的基本能力。网上最大的一个风险就是诈骗，诈骗的能力和骗术每天都在变化，越来越难识别。通过技术手段实施的诈骗更难识别，因为技术发展的速度远远超过人的认知速度，也超过人的能力培养速度，所以我们在使用网络的时候出现这么多乱象，因为大家不了解，肆意上网，于是就产生很多问题。

未成年人作为互联网时代的"原住民"，其所需要具备的网络文化素养不仅影响着个人的身心健康，更直接地关系着一个国家和民族的未来。他们的认识和行为尚处于发展过程中，容易承受数字压力、网络成瘾、网络暴力、隐私安全等风险，对于各种互联网信息和服务的识别与使用技能需要经过长期的引导、培训。因此，未成年人网络素养教育应该是一个国家、社会、学校甚至家庭都需要高度重视的问题。建议将网络素养教育纳入义务教育课程，全面培养未成年人与信息化时代相适应的道德规范和行为习惯，建议各级教育行政主管部门对当前中小学网络课程内容做出调整，在不断增加学生压力和负担的前提下，积极推动当前网络素养教育进一步走向学校、走进课堂，把网络素养教育工作纳入义务教育阶段的课程教学内容，全面提高我国中小学生的网络运用能力和网络伦理道德规范。

4. 提升未成年人网上自我保护能力，并完善法律保护机制

（1）完善未成年人网络权益保护相关法律法规

使用互联网是未成年人的一项重要权利，但是由于网络暴力、网络违

法及不良信息屡禁不止，一些网站和 App 采取非法的手段搜索、滥用、买卖未成年人的个人信息资料，这种现象严重威胁到了每一个未成年人的身心健康与安全。因而必须进一步地加强和完善有利于维护青少年网络权益的政策和法律法规，推动各级公安部门、网信监督管理部门、司法机关切实严厉地打击各种传播网络暴力或者色情信息以及在网络空间对未成年人实施违法犯罪活动的现象。互联网企业进一步履行落实其网络安全主体职责，研究和推广全国各地统一的未成年人网络安全风险防范监控机制，设置显著的未成年人网络不良信息举报和投诉渠道。在社会层面，定期对未成年人网上自我防范和保护意识以及能力进行调查研究，通过大量的案例讲解等形式，开展有针对性的网络安全知识宣传教育，并在校外打造一批公信力较强的专业化网络安全服务平台（比如共青团 12355 青海年服务台）。

为此，国家网信办 2019 年 8 月正式公开发布了《儿童个人信息网络保护规定》（以下简称《规定》），整合了目前相关的国家法律法规文件中所有涉及保护儿童个人信息以及网络安全保护法律问题的相关规定，对于有效保护广大儿童的个人网络信息安全，以及给广大儿童家庭提供一个健康的网络数字化生活环境来说意义重大。《规定》特别明确，儿童的合法监护权受益人家庭应当正确地严格履行其合法监护权和职责义务，教育、引导儿童不断增强其相关个人信息的安全保护意识，提高信息技术操作能力，保护个人信息安全。

（2）严厉打击网络不良信息

网络生活中的不良信息往往会对一些未成年人的日常工作学习、生活造成很大的负面影响，妨碍了他们人际关系的正常建构，暴力和淫秽色情等不良信息也很容易发展成为一种诱发各类违法犯罪的重要因素。网络暴力主要指网民通过互联网对他人实施辱骂和言语攻击，可看作社会暴力在网络的延伸。社交网络的高速发展为网络暴力产生和蔓延提供了环境，网络身份具有匿名性，用户在网络上缺乏理智的言行会煽动其他网民情绪。未成年人的价值观正处于形成阶段，对于网络暴力的抵御能力低，更加需要受到重视。

（3）加强网络法制教育的普及与宣传

由于青少年网民淡薄的法制观念容易诱发各种网络违法犯罪，不少青年人在作案后声称，他们这些糊涂行为只是受一些想法所驱使，并没有明确的动机。可见，社会教育工作者一定要努力地树立青少年网民的法律意识，通过各种形式的教育实践活动，使他们自觉地遵守有关信息法律和制度，规范自己的行为，做遵纪守法的网民。

5. 社会、家庭、学校联动，引导青少年在道德与规则范围内健康使用网络

（1）对广大青少年进行教育、引导和激励，帮助他们正确地选择和使用网络，可以促进网络伦理道德的形成、网络法律和规范的建立，净化网络社区，有助于形成良好的网络生态环境。互联网时代的来临，使得人类在生活上进一步突破了空间与时间的限制，给人类带来了一个更大的自由世界。同时，互联网络自身的特征，使人的行为也越来越放纵，互联网行为的失控和去抑制性对网络生态环境带来了极大的污染，也严重地污染了互联网用户的心灵。这种放纵的网络行为，不仅会产生无法接受的网络诚信危机，也将会致使青少年心理发生扭曲变形。因此，对青少年进行教育、引导和鼓励，使青少年能够正确地使用互联网，约束自身的网络行为，遵守互联网的道德准则和规范，以形成良好的互联网络和生态圈。①

（2）进一步加强网络道德教育。网络道德素质的教育，是指以网络平台作为中介，充分利用互联网的功能优势而开展的一种针对公民网上行为的有目标、有特色的品行教育。网络社会也存在着诸如色情、敲诈、不良

① 卢国栋. 大学生网络心理分析及心理健康引导［D］. 重庆：重庆交通大学，2010（4）：3-4.

信息以及犯罪陷阱等，网络的虚拟化给监督工作增加了许多困难，我们要积极树立网络上的伦理道德规范，将内心的约束潜移默化于人们的网上行为，构建良好的网络秩序。尝试组织开展广大青少年儿童的网络道德教育，培养他们健全的道德人格和崇高的情操，自觉地抵制"黄、黑、毒"等负面信息的威胁和诱惑，反思自己的网络行为，学会按照社会价值去正确处理生活中各种事情，使个体的自尊心很好地发展。鼓励青少年通过各类网络相关知识和专业技术的学习，提升他们的道德素质，增强他们在网上行为中的责任感，在网络社会中做一个充满道德修养与教养的人。具体地讲，不人为地制造或者恶意地传播违法的信息，严格遵守知识产权的法规，一起维护好网络安全的规定。要注重实现教育内容的多渠道化、生动性，注重从学校、社会和家庭三方形成教育合力。

（3）注重青少年法治道德教育体系的构建。青少年在学习的过程中虽然得到了专业知识的充实，但是仍有一部分学生缺乏必要的法制意识，从而导致青少年网络犯罪行为屡见不鲜。因此，这就需要教师结合现阶段的一些真实案例和与网络有关的法律知识来对学生进行网络法制教育，以此增强学生的法律意识，实现网络世界中规章制度、道德规范对学生的约束。

6. 营造健康的网络环境，合理满足青少年的多方面需求①

良好的环境培育健全的人格，为了保障青少年健康发展，还需要社会、学校等多方面力量共同关注青少年的成长，优化网络环境。

（1）加快网络信息的监测与控制，净化网络信息。相关部门必须按照国家要求对网络上的各种信息实施可持续性管理，从技术层面来破解网络管理中普遍存在的困境。网上信息的控制主要是对信息进行筛选、甄别。通过对信息的过滤，净化信息，从技术上确保了广大青少年能够避免互联

---

① 肖羽. 广州市大学生网络心理健康教育现状与体系构建研究［D］. 广州：广州中医药大学，2018（6）：41-43.

网上不良信息的攻击与侵犯，为广大青少年利用互联网络促进身体与心理健康发展服务。加强网络信息的防范与控制需要建立和完善网络行为监督机制，将道德监督和相应的法律防范与控制机制引入电子信息空间，健全涉及信息网络的法规条例，对于网络违规者可以实施严厉惩戒，还网络一片纯净而又蔚蓝的天空。

（2）积极组织优良的传统、先进文化进入网络，这也是一种优化网络环境的有效措施。随着互联网络的发展和普及，东西方文化在巨大的碰撞、冲突、沟通、消融和吸收中逐渐得到全方位的渗透和交流，这些因素都会严重地影响青少年自己既有的价值观，网络冲击下产生的认知偏差与其心理矛盾引起了人们高度关注。包容兼收的中国，不仅要同世界上的各国之间进行经济和物质的贸易，还需要进行文化、精神的双向互动。只有以先进的理论思想和文化来培养和武装青少年，才有可能塑造出健康成长的青少年。如我们认为可以适当地进行综合考虑，可以借鉴中国民族传统文化教学培训课程的教学形式，例如我们可以在教学中采取一些传统的相声、评书、戏曲等新颖有趣的教学形式，打造一个具有自己特色品牌的课程，吸引青少年的兴趣，提升其使用意愿。

二、移动互联网时代学校及教师的应对策略

伴随着"互联网+"教育的不断深入，教育理念、教学方式等都随之转变。同时，学生也因互联网而发生着改变，这都促使教师这一角色需要与时俱进，有所转变。那么，在教师职业发展上，教师也需要对自己的角色重新加以定位和思考。在"互联网+"教育背景下，信息技术的变革可以改变教师和学生互动的方式和模式。学校在教学中应用信息技术，可以增进学生对学习的兴趣；课堂上的交互、学生试卷的大数据分析都在帮助教师更加全面地掌握学生的学习情况。还可以把信息技术运用在教学各个环节中，让学生在学习的过程中享受知识带来的快乐。在这种背景下，教

师教学模式和学生学习行为都发生了改变。近年来，随着当前我国高等教育信息化工程建设的不断推进，以慕课、微课、移动学习等为代表的"互联网+"教育已经初步形成。移动互联网时代的教育是物理空间、社会空间、信息空间等多空间融合的教育，这促使传统的教育体系发生了一些革命性的变革。

（一）引导青少年树立科学健康的网络观

当代青少年随着互联网的发展而成长，上网已经逐渐地成为他们日常必不可少的一件事情，但是年轻气盛的他们面对网上五花八门的信息和自由交流的方式，容易误入歧途。因此，要提高广大青少年网络信息的分辨力，使其审慎有序地去接受合理的部分，排除不良内容的干扰，既能为我使用，又不轻易被其他因素所侵蚀。网络各种类型的信息，从不同的角度或多或少地折射出它们的价值，通过不同价值之间进行比较，教育青少年理性分析与评估，进行价值判断与内容的选取。网络所充斥的世界往往包含崇尚和抵制两面性极强的东西，要着重于培育青少年进行自主选择的判断能力以及对信息的真假进行辨认的能力。要不断地鼓励和引导广大青年调整自己的思想和精神状态，上网时一定要做到有节制，当在网上进行交友活动时，遇到网络色情言论或网上性骚扰等事件，要增强自我防范的意识，理性地进行风险防范。科学地认识、对待网络，做好虚拟世界与现实社会之间的情景转换，线上线下保持理性明锐的头脑。通过预防教育，打好预防针，把握互联网对自己的影响，对不断更新的网络文化要适时"扬弃"。

我们要充分利用互联网技术来加快我们的生活和工作节奏，在地球村区域内，鼠标点点瞬间就能够到达；同时，要进一步加强各种社会性活动内容的宣传教育，合理安排上网及参与各种社会性活动的时间，二者兼顾，有了丰富多彩的现实内容，才不至于过度依赖网络，迷失自我甚至患上网络成瘾症。网络选择能力的培养与提高，青少年需要借助于心理教育，让个性在网络空间中发挥出来，人格完善地走入网络和走出网络。

（二）各级各类学校要加强青少年网络心理健康教育①

随着现代社会的发展，心理健康这个概念也正处于不断发展中。而且随着互联网时代的来临，心理健康这个概念已经进入网络心理健康的发展阶段，网络心理健康的探索和研究工作一方面使得传统心理健康的研究技术手段得到进一步的完善和提升，为传统心理健康的研究开辟了崭新的研究思路和方向；另一方面，也使得网络对于人的各种心理及行为产生影响，已经成为心理健康密切关注、研究的对象，拓宽了心理健康的研究范围，使得心理健康的内容在互联网时代具备了全新的意义和内涵。青少年的网络心理健康问题主要体现在他们对于虚拟网络的过度痴迷、网络人际交往障碍、急功近利的浮躁欲望心理、逃离现实的寻求解脱的心理、虚拟的自我实现心理、网络游戏引发的犯罪行为等方面。解决这些问题，需要各级学校充分认识到互联网对于青少年的重要作用，切实采取应对策略，加强广大青少年的网络心理健康教育。

1. 积极开展网上心理健康知识普及宣传

网络因其独有的特点与优势，为学校心理健康教育的开展提供了更加广阔的发展空间，为开辟一条全新的途径提供了可能。网络十分适合开展心理健康知识的宣传教育、心理测量与评估以及心理咨询。青少年服务工作的各个相关部门，可以积极地尝试运用网站对广大青少年进行心理健康知识的宣传和普及，还可以广泛地拓展渠道，进一步发掘有趣的内容和形式。利用多元渠道和形式提供有针对性的优质网络心理健康教育内容。学校要充分发挥校园网络的作用，努力开办网上心理健康栏目。要支持青少年成立心理健康教育社团组织，发挥青少年在心理健康教育中互助和自助的重要作用。

---

① 丁俊. 青少年网络心理健康教育方式研究 ［D］. 武汉：武汉工业学院，2011（5）：16-27.

2. 完善青少年心理互助体系

近年来，青少年的心理健康问题日渐突出，并且逐年地呈现上升趋势，青少年心理健康问题备受学校及社会各界的重视。青少年对心理咨询的理解仍然有些误区，主动到心理咨询室去做面对面的心理咨询的并不是那么多，心理上的问题长期没有得到解决就会容易造成心理障碍。心理互助作为一种群体教育手段，在这种群体化互助的过程中，能够有效地促进学生主体精神及自身素质的提高。学生之间在年龄、地位、处境、利益、需要等各个方面都会有许多的共同点，他们的内心是相通的，最容易沟通、接受和产生共鸣，所以这些学生之间的影响是很大的。心理互助在学生之间开展，是学生自我心理健康教育的具体体现。它可以调动学生的自觉性、主动性和积极性，从而提高心理健康教育的实效性。

心理互助活动有利于培养学生乐于助人的精神品格，开展一系列的心理互助活动，可以促使学生逐渐懂得关心、理解、尊重、鼓舞和激励别人，养成一种乐意帮助别人的优良品格，进而发展为助人为乐的精神品格。心理互助有利于助人与自助目标的实现。心理互助的过程就是助人与自助的过程。心理互助不是单纯地停留在对他人的同情、理解和接纳层面，而是强调从各种手段、技巧、能力等方面对其他人进行心理援助，使其掌握一套科学的心理教育方法，学会独立地解决自身的心理问题，提高自己的心理素养。例如在研究分析个案时，学生以帮助者的身份参与其中，与当事人一起感悟，在体验时能够真切地看到他人的内心世界。这种教育模式建立在助人的前提下，目的就是更好地做到助人和自助，因而也是一种道德品质的熏陶，是一种认知的教育、理解的教育、体验的教育、感情的教育、知行结合的教育。它并非一种外部的强加，而是一种学生们发自内心的需要。另外，网络也给学生进行心理上的互助活动提供了一个更为宽泛的空间，这种交往是多向式、交互式的。这种多向交往方式能满足学生的人际交往心理，发挥学生助人自助的主观能动性。

3. 要着重培养青少年的积极心理品质

心理健康不仅指没有心理疾病，也意味着有积极的理想追求、较好的社会功能、高效率的工作状态、建设性的人际关系、独立自主的人格和丰富多彩的精神生活等。人本主义心理学认为每个人都有积极的心理潜能以及自我实现的愿望。心理健康教育的重点是要我们着重培养积极的心理品质，例如积极的意志品质、积极的情感体验、积极的行为习惯、积极的人格形成与塑造以及积极的组织团队。具体来讲，包括培养他们的自信能力以及自制的意识、心理承受的能力、环境适应能力、情绪的管控与调整能力、客观地认识和评价自身及有效地管理自己的能力、人际交往的意识与能力，忠诚、真心、坦诚、率真、仗义等积极向上的品质。一个具备自制力，主动的、品行坚毅的个人，他们能够合理地安排自己的事业和生活，并且能够正视这些现实和困难，容易获得事业成功。

积极心理品质的培养，既是人们行为的过程，又是一个心理体验的过程。积极的心理健康教育注重学生在此过程中的各种参与和体验，让他们能够积极主动地去关心和了解自己的身心发展状况。积极性心理素质的培养主要可以从以下两个方面进行：

第一，利用自助型教育模式，能够给学生带来深刻的心理体验。比如由学生们选择与自己的心理发展密切相关的一个专题来开展自助式的心理探索课程，在这个探索研究的过程中，可以使学生们的好奇心充分地得到满足，获取更多的心理科学知识，掌握一些解决心理问题的途径和解决方法，学会解决一些简单的心理问题，促进其身心健康和谐发展。探索研究课程内容可以是如何集中注意力，培养自己的自信心，培养意志力和积极心态，被大家喜爱和崇拜的心理素质，怎样调控自己的情绪，积极应对压力等。通过这些课程探究，让学生牢固树立正确的心理健康意识，形成一种乐观向上的价值观和心理品质。

第二，在日常的青少年心理健康教育实践活动中，可以更加有针对性地调整和优化青少年的个性品质，如纠正他们的各种认知偏差，以积极的态度和眼光去客观地看待他人，尝试引导帮助他人，从中体会到乐趣，并使之更加有意识地进行自我锻炼和自我心理的改造，不断完善自己的性格特征，培养健康的情绪，保持积极乐观的精神状态，并且乐于参加社会活动，与其他人和睦地相处，并且注意取其所得之长，补己之短。

（三）积极转变教师角色，适应移动互联网时代的教育模式

1. 移动互联网时代教育模式的转变

教学模式按照师生之间在教育活动中的关系而可分为三种：以教师为主导的模式、以学习者为主导的模式及由教师为主导、学习者为主体的综合性教育模式。移动互联网时代背景下，教学模式为了适应时代的需求而进一步发生变化，由传统的以教师为主导的教学模式发展为以教师为主导、学生为主体的"双主"教学模式。在教学的过程中既要充分发挥老师的主导性作用，更需要充分保证学生的主体地位。教师不再是单一的课堂知识传授者，还承担着课前教学视频的制作、课堂教学过程中小组合作交流和学习活动的组织者、网络学习资源的整理者等角色。移动互联网时代，QQ、微信等网络平台为师生相互交流提供了更便捷的网络环境。在课堂教学中，除正常教学外，教师还可以通过相应的 App 来丰富课堂内容，从而有效地调动学生学习活动的积极性，充分发挥学生自主学习的主观能动性。

移动互联网已经改变了传统的学生被动学习型的学习模式，让学生的学习更加自主化、个性化。互联网使课程选择性大大增多，而且学生也能够根据自己的喜爱、需求等来选择学习。同时丰富的信息资源，生动有趣的形式和内容，使得教育手段和方式变得更为艺术化，更加切合生活，学生能够较好地理解并熟练应用知识。教育者在社会各界的大力度支持下，对网络教育也给予了极大的投入，使得学生能够享受多种形式的教育模型，寓教于乐，让学习成为一件愉悦的事情，更好地进行。移动课程的教

学方式突破了传统的室内课堂教学的局限性，随时都可以在线上学习。学生不仅可以在课堂上跟随老师学习知识，还能在线下利用各种学习平台，查找有关资料、阅读相关书籍、观看课程视频，线上线下随时随地分享学习经验，与同学沟通，与老师交流，突破了时空限制，形成"课上课下、线上线下、校内校外"无限延伸的课堂。

现在比较流行的翻转课堂，就是移动互联网背景下教学模式变革的代表。翻转课堂被翻译自"Flipped Classroom"或"Inverted Classroom"，也可以把它翻译为"颠倒课堂"，是指重新调整课堂内外的学习时间，将课堂学习的最终决定权从教师转移给学生。在这样的教学模式下，教师不再占用课堂的时间向学生讲授教育信息，这些信息都需要学生在课前认真地完成自主性学习，他们可以观看视频教学、听一个播客、读一本教学功能不断加强的电子书，甚至可以在社交网络上与其他同学及时进行交流讨论，能够随时地主动去网上查阅自己所需要的学习素材。而且老师也有更多的业余时间与学生一起交流沟通。在课后，学生可以自主地规划所需要学习的活动内容、学习的时间节奏、样式和呈现自己所学习新知识的表达方式，教师则可以采用讲授法和合作学习的方法，来满足学生的学习需求，促成他们的个性化学习，其最终的教学目标就是使学生通过实践获得更真实的知识理解。

2. 移动互联网时代教师角色的转变①②

教师角色是教师的工作职责和工作任务的具体体现，代表教师这个职业在社会各行各业中的地位和身份，不仅包括社会和他人对教师行为的期望，还包括教师对自身行为的理解。在移动互联网时代的影响下，教师在教学模式、教学过程、教学评价方式方面发生了变化，由此教师角色也相

---

① 曹海丽，杨楠，张树新."互联网+教育"背景下教师的角色认识与转型［J］. 教育信息化论坛，2020（12）：29-30.
② 郑瑞，谭娟. 试论"互联网+"时代高校教师的角色转变［J］. 文教资料，2020，（16）：122-123.

应产生转变。

（1）学生学习的促进者、引导者

在传统教育中，教师承担着知识传递的功能，代代相传的知识和经验通过语言输出传递给学生，知识被复制和再分配。移动互联网大背景下的现代化教学活动，打破了传统教育的封闭式状态，冲破了现代化教育的时间和空间界限，充分开放了教育资源。教师应主动地成为学生自主学习的指导者和促进者，教学过程中应该注重以学生为中心，从对课程的设计、研究到对课程的实施和评价都紧紧围绕学生来展开，这样才能更充分地发挥学生的主体作用。教师应该培养学生良好的学习习惯，真正调动起学生自主学习的热情，课堂教学的过程中老师们要适时给学生提出一些问题，发起讨论，并引导学生实时进行交流沟通。

（2）学习活动与内容的设计者

传统教育的知识来源主要是教材与参考书，以静态为主，教学内容以纲为据，往往都是固定不变的。而移动互联网背景下教育的知识来源不局限于教材，可以是多样化的网络素材，也可以是前沿的科学研究成果，教学内容除了贯穿始终的基本知识外，还提供了各种相关的信息。在对知识点的选取与内容编排上，教师可以用自己的风格去加以诠释，以体现自己的特色，学习者也同样可以依据自己的兴趣爱好与实际情况，有选择性地对其进行学习，不局限于固定的知识点与学习的进度。学习者的这种学习状态也能调动教师的自主性，激发教师的创造性。随着网络教育的普及，如果老师们的授课内容千篇一律，势必变得索然无味。因此，移动互联网背景下，教师不仅要积极地组织与指导广大学生的学习教育和实践活动，还要在原有教材的基础上，设计新的教学内容，以满足学生对知识的需求。教学内容主要是在课外传递给学生，课堂内更需要设计一些比较高质量的学习实践活动，让学生有更多机会在具体的教学环境中灵活运用所学的知识内容。这些教育实践活动的主要内容包括教师引导学生自己创造性挖掘学习内容，独立地思考和解决实践中的问题，开展活动促进学生探索，实施基于教学任务的自主实践学习。

（3）发展性评价的践行者

教师可以在课堂上及时向学生反馈学生的学习结果，可以让学生对自己掌握知识的实际情况进行充分了解，并适时做出调整。传统教育中的反馈往往都是通过课堂检测、期中考试检测和期末考试检测实现的，其主要目的就是对每个学生的学习结果做出一个定性评价，而往往失去了反馈的本意，忽略了对每个学生学习过程的评价。互联网教育可以充分利用网络优势，搜集有关学生讨论情况、作业完成质量情况、课堂检查情况等过程性信息，从而对学生的学习过程做出综合评估，以便学生了解自己的学习状况及问题所在。这种评价方式与传统的结果性评价相比，更为科学、及时、有效，因为它关注了学生的成长发展过程，而不是一个最终的结果，即考试分数，充分发挥了评价促进学生发展的作用。在移动互联网背景下，教师应该关注的是学生的心理体验与个性成长，而不是处处监督与限制学生的行动与思维，只有如此，才能促进学生的全面发展。

（4）从知识的权威转变为学习资源的整合者

在传统的以教为主的教学模式下，老师是课堂教学的主导者，是掌握知识的权威。课堂教学中知识的传递过程为"教师教—学生学"的一个被动、单向传递的过程，学生被动地接受、学习知识，学习的主动性、积极性不高，学习兴趣不浓厚，甚至由于长时间学业不良产生习得性无助感。另外，从知识的广度来看，教师在进行传统课堂教学的过程中，受时间、空间及知识量的限制，学生可接受的信息较为有限，不利于学生的全面发展。

随着互联网的进一步发展与广泛普及，学生获取知识的途径与方式也愈加多样化，所以学习到的知识也愈加丰富，掌握知识的权威正在从教师向互联网上的学伴、互联网上的专业人士等不同群体逐步扩散。目前，笔记本电脑、智能手机、平板电脑等移动智能终端设备基本上都在广泛应用，通过这些载体，学生可以根据需要从移动互联网上获得所需的知识信息和相关资料，这就打破了专属于教师的知识、资源的局面。甚至有的青少年学生的知识广度超过了教师，这时，教师的知识权威性就受到了质疑和挑战。不仅如此，学生获取或掌握的知识有时比教师所掌握的知识还要丰富，教师的知识权威正在慢慢地削弱，教师必须重新审视自己的角色与地位，不断调整自己在教学过程中的作用，顺应移动互联网时代对教师的新要求，开拓出全新的角色功能。例如，教学中需要教师从诸多的知识信息中筛选出适合的教学资源，将这些教学资源进行整合，引导学生吸纳整合后的知识。然后激发学生获取更多知识的愿望，培养学生主动地去发现、整合和掌握更多新知识的能力。

三、移动互联网时代家庭教育的变革

青少年自称是"互联网原住民"，他们能在不知不觉中学会使用各种智能电子设备，家长们发现现在的孩子们对移动智能终端设备具有天生的爱好和兴趣。于是随着孩子的长大，对移动智能设备管与玩的博弈开始了，围绕着玩手机等电子产品的时间和内容，亲子之间开始陷入了漫长而又艰难的讨价还价之中。移动互联网新技术和信息化时代的到来，使得家庭教育出现了诸多的难题。那么，家庭教育应如何适应移动互联网时代的变革呢？

（一）家长要与时俱进，积极融入移动互联网大家庭

家庭是孩子的第一课堂，父母是孩子的第一任教师。许多家长都无法与自己的孩子在同样的层面上平等地互动和交流，更多的时候他们在自己的孩子面前只会是个"统治者"。随着孩子一天天地成长，孩子们也通过各种方式增加了自己的信息量，获取了新的知识。大多数孩子的家长却仍然站在原地，知识观念并没有取得实质性的进步。孩子慢慢地就已经开始

225

不想再与他们的父母交流沟通了，因为他们可能会觉得父母不是那么可以接受和理解他们，对于新的事物好像什么都不懂。伴随着移动互联网的飞速发展，"互联网+"教育理念融入了社会的各个方面，无论是学校教育还是家庭教育均对"互联网+"理念有了一定的认识。因此，在"互联网+"背景下，家长朋友要与时俱进，积极融入移动互联网大家庭。家长们要学会充分利用移动互联网，进行育儿方法和经验的深入学习与交流，提高家长自身的综合素质和家庭教育素养，在自己成长基础上促进孩子健康快乐地成长。① 做一个与时俱进的家长，可以从以下几个方面着手：

1. 掌握教育规律，规避教育误区

现阶段的家长们都应该掌握家庭教育的规律，了解孩子在不同阶段的认知和心理发展的特征。从而能够明白自己既能在哪个方面下大力气进行教导，又有哪些教育误区可以规避，从而少犯或者是不犯南辕北辙的错误。

2. 寓教于乐，与孩子砥砺前行

家长对孩子给予的良好家庭教育将会让孩子厚积薄发。第一，父母应该充分尊重孩子的成长规律，越俎代庖、拔苗助长这都是不可取的；第二，营造良好的亲子关系，遵循因材施教、寓教于乐、教学相长等教育的基本原则；第三，密切配合学校教育，给予儿童们自由、充分的时间和空间，使其在潜移默化之中逐步学会遵守纪律，养成良好的行为习惯，进而拥有了善良之心，方能砥砺前行。

3. 更新教育理念，不盲目跟风

进入高科技移动互联网时代，父母不仅要懂教育、懂儿童，而且要能够把握社会发展趋势，不断更新教育理念，认真做足教育功课，以此来检视提升自我，用积极的心态来拓宽视野。但不能没有定力，盲目跟风各种

---

① 王丽. 互联网+背景下家庭教育中家长与孩子共同进步策略 [J]. 当代家庭教育，2020 (5)：24.

兴趣班、补习班。

4. 父母戒焦戒虑，彼此信任亲密

陪伴着孩子们成长，按部就班地求学，孩子们就能拥有较高的综合素质与社会竞争力吗？父母们在怀疑自己。但是家庭教育的作用在优秀学子身上可以随时得到体现，而这也正是他们共同的特点，即：和谐的家庭气氛、父母对于教育法则和原理的坚持、对于孩子的充分信任以及一贯保持着亲密的关系。很大程度上父母的教育焦虑主要是因为对自己不够有信心，对孩子未来的恐惧，对教育规律的把握不足，这其实是深层次原因。家庭教育更为重要，以前传统教育是老师教导，但其实父母才是孩子的第一任老师。家庭氛围和谐，孩子方能有一个和谐的学习环境。

（二）线下线上学习有机结合，提高青少年学习效率

首先，对青少年学生进行专门的线上学习辅导，提高线上学习能力。

在当前移动互联网教育的大背景下，青少年们面对着纷繁复杂的学习信息资源，应接不暇，不知所措。因此，要对青少年开展专门的线上学习辅导，让青少年掌握在繁杂的网络学习资源中选出最适合自己的学习内容，并不断地提高动手甄别和筛选学习资源的本领，从而有效地掌握对所有基础知识的辨认、甄别、整合。同时要注重培养儿童的自主想象、自我学习的能力，以期促进儿童对知识有一个更深入和广泛的了解。

其次，线下线上学习有机结合，提高青少年学习效率。线下线上学习的结合可分为预习、课堂学习、复习三个阶段。

在预习阶段，学生在学习新课之前，可结合自身实际情况，对即将学习的内容在互联网课堂上进行初步的了解，对照线上课程学习，掌握本节课所涉及的重要知识点，对于自身的学习能力与知识盲区提前掌握，以便于线下课堂学习中对知识进行更好的理解与掌握。

线下课堂学习阶段，课堂和教师的作用也发生着巨大的改变，教师更多的职业责任就是理解学生存在的问题，并且要引导他们去正确地运用所

学的知识进行分析、解决问题。课堂成为老师与学生之间以及学生与学生之间信息交流和互动的重要地方，包括了教师答疑解惑、知识点的掌握与综合运用等，从而达到更好的教育教学效果。

复习阶段，学生在学校线下学习结束后，在家中利用互联网对学校中所学习的知识进行巩固与补充。这样，不仅可以有效地提高青少年的学习效率，还可以培养和促进青少年儿童形成良好的学习习惯，增强青少年的自主学习意识，提高学生的自主学习能力。

（三）家庭与互联网教育相结合，增进亲子感情

父母是第一个对孩子施加教育影响的重要他人，对于孩子的教育，父母起到了至关重要的基础性作用。很多家长都经常面临着家庭生活和事业发展的两难选择，当对自己事业的重视程度超过了对孩子的重视程度时，孩子的教育就会显得力不从心。随着移动互联网和线上文化教育的发展和兴起，家长们越来越多地依靠移动互联网和线上教育，以弥补自己对孩子教育关注的不够。互联网学习方式的出现，可以帮助父母更加深入地认识到自己孩子的学习活动内容和教育过程，还可以与老师和其他家长之间及时沟通和互动，有助于发现并解决教育中的问题。父母也就不用再花钱陪着自己的孩子到其他教育培训机构去学习，可以直接在家里轻松地陪读。当然，移动互联网的教育有利也有弊，父母们也不能完全地放手让孩子进行网上学习。家长应通过互联网教育，学习正确掌握和孩子相处的方法，多与自己的孩子进行交流与互动，多密切关注孩子的健康成长，陪伴孩子在网络上进行网络学习，与孩子共同成长。①

（四）做明智的父母，理智选择网络教育服务

网络教育的出现在一定程度上使青少年的学习方式更加多样化，也在一定程度上减轻了父母对孩子教育的压力。然而，在网络教育课程的选择

---

① 汤圣月. 互联网视角下八零后父母的子女教育消费观［J］. 人生十六七，2018（15）：144.

方面，很多父母容易陷入一种误区，有的甚至比较盲从，看到别的孩子网络课程学习得很好，学习成绩提高很快，就不顾自己孩子的特点，盲目选择网络课程。网络教育培训课程如果选择不当，不仅给孩子造成额外的学习心理压力，同时给家庭带来了很重的经济负担。目前，移动互联网的不断普及和快速发展，正在促使一种网络化家庭教育教学方式出现，越来越多的父母开始选择网络化教育课程。当前，网络在线教育培训服务主要可以分为三类：一种方式就是网络在线教育培训课程，通过网络微课、视频公开课等来让孩子在线上进行学习及互动；二是线上预约线下辅导，通过网络进行线上预约，把孩子送到相应的培训机构去学习；三是使用网络教育类科技产品，通过购买电子学习产品来让孩子进行自主学习。

那么，如何选择适合自己孩子的网络教育服务？这里提以下建议：

第一，明确孩子的学习目的是什么。切忌人云亦云，盲从他人。这是家长给孩子报任何培训班第一个要考虑的问题。不管是线上还是线下课程，别人孩子合适的，你的孩子不一定合适。选择在线教育机构时，建议家长们考察以下重要因素：可靠性、权威性、长期市场口碑、师资力量、课程和服务质量、平台的稳定性等。口碑好的可以去看看，但是不要被别家孩子的情况打乱节奏。

第二，确认自己的孩子是否适合学习线上课程。考虑到青少年的视力保护等身体健康因素，条件允许的情况下，建议家长尽量给孩子安排线下学习。如果确实要安排学习线上课程，希望能够首先明确：

（1）为什么选择线上学习？常见原因可能是：线下学习时间紧张，安排不过来；家里附近线下培训机构没有足够优秀的老师，借助线上优秀平台学习效果更好等。（2）孩子的其他能力发展，适合线上课程的学习形式吗？例如：孩子的语言理解和表达能力怎样？孩子集中注意力的情况怎样？孩子学习的自觉性如何，是否能够保证在电子产品面前自觉学习而不做其他与学习无关的事情？（3）家庭情况是否满足线上课的要求？如网络环境、智能设备配置等。

第三，购买的网络教育服务最好有一个试用期或者犹豫期。试用的时候注意判断：（1）孩子是否愿意跟着继续上课？因为再好的课程，孩子不乐意，那也是浪费时间、浪费金钱。再就是学习的效果是否理想等。（2）线上平台培训教师的教学方式和理念，是否切合当前教育改革要求。

参考文献

一、著作类

1. 蔡佶，张磊，刘健民. 后短信时代［M］. 北京：人民邮电出版社，2005.

2. 童晓渝，蔡佶，张磊. 第五媒体原理［M］. 北京：人民邮电出版社，2006.

3. 靖鸣，刘锐. 手机传播学［M］. 北京：新华出版社，2008.

4. 肖弦弈，杨成. 手机电视：产业融合的移动革命［M］. 北京：人民邮电出版社，2008.

5. 顾海根. 大学生因特网成瘾障碍研究［M］. 合肥：中国科学技术大学出版社，2008.

6. 王萍. 传播与生活：中国当代社会手机文化研究［M］. 北京：华夏出版社，2008.

7. 王芳."网"事知多少：网络心理与成瘾解析［M］. 上海：复旦大学出版社，2011.

8. 顾海根. 青少年网络行为特征与网络成瘾研究［M］. 合肥：中国科学技术大学出版社，2011.

9. 雷雳. 青少年网络心理解析［M］. 苏州：开明出版社，2012.

10. 梁晓涛，汪文斌. 移动互联网 [M]. 武汉：武汉大学出版社，2013.

11. 王芳. 少年因特之烦恼：青少年网络心理手册 [M]. 北京：新华出版社，2016.

二、期刊类

1. 施春华. 论大学生网络性心理障碍及其调适 [J]. 江苏高教，2003 (1).

2. 龙菲. 迷失于网络的青少年——青少年上网成瘾的原因浅探 [J]. 青少年犯罪问题，2003 (1).

3. 吴正国. 解读青年学生的心理符号——关于大学校园"短信文化"的思考 [J]. 青年研究，2003 (5).

4. 黄海，刘吉发，杨溪. 解读大学校园文化新现象：手机短信 [J]. 青年研究，2005 (6).

5. 韩登亮，齐志斐. 大学生手机成瘾症的心理学探析 [J]. 当代青年研究，2005 (12).

6. 邰键. 青年人际交往的新景观——谈手机短信在人际沟通中的矛盾性 [J]. 当代青年研究，2003 (1).

7. 史云桐. 谁动了我的手机——某市中学生手机使用状况调查 [J]. 青年研究，2006 (1).

8. 姜赟. 我的地盘我做主——试析手机对青少年私域建构的影响 [J]. 青年研究，2006 (1).

9. 杨善华，朱伟志. 手机：全球化背景下的"主动"选择——珠三角地区农民工手机消费的文化和心态解读 [J]. 广东社会科学，2006 (2).

10. 许惠清. 大学生网络成瘾的原因及对策研究 [J]. 教书育人，2007 (3).

11. 申琦. 从"黄祸色素"析我国手机上网的监管问题 [J]. 新闻记

者，2009（12）.

12. 洪兰. 文化社会学视角下的短信传播［J］. 传媒观察，2010（2）.

13. 赵小东，熊安慧，张庆功. 手机媒体的传播现状及特点［J］. 新闻爱好者，2011（11）.

14. 高迎霞. 手机文化对初中生的消极影响及其消除对策［J］. 教学与管理，2011（1）.

15. 杨嫚. 消费与身份构建：一项关于武汉新生代农民工手机使用的研究［J］. 新闻与传播研究，2011（6）.

16. 杨孝堂. 泛在学习：理论、模式与资源［J］. 中国远程教育，2011（11）.

17. 高泉旺. 对中小学学生在校园使用手机现象的思考［J］. 学校党建与思想教育，2011（15）.

18. 张青连. 3G 时代学生思想政治工作的挑战及对策［J］. 中国报业，2012（4）.

19. 唐家琳. 移动互联网用户行为比较分析［J］. 西安邮电大学学报，2013（18）.

20. 王梓安. 浅谈日本手机移动互联网管理［J］. 中国记者，2013（3）.

21. 梅松丽，柴晶鑫. 青少年使用手机上网与主观幸福感、自我控制的关系研究［J］. 中国特殊教育，2013（9）.

22. 王利华. 大学生手机上网行为及心理研究［J］. 教育与职业，2013（33）.

23. 闵璐. 简谈我国移动互联网发展现状与趋势［J］. 中国科技信息，2015，24（1）.

24. 孙姚同. 泛在学习环境下成人教育网络课程资源的开发与共享［J］. 中国成人教育，2015（10）.

25. 魏雪峰. 移动互联时代碎片化学习资源的适用场景与高效管理 [J]. 学习资源与技术, 2017 (5).

26. 廖燕丽, 易晓颖. 由借贷平台引发的大学生网络诈骗案例分析 [J]. 边疆经济与文化, 2018 (9).

27. 张靖杰. 浅析移动互联网的发展趋势 [J]. 中国新通信, 2018 (22).

28. 孙悦含. 互联网给青少年教育学习带来的负面影响以及他们所要解决的对策 [J]. 学周刊, 2018 (10).

29. 李剑光. 移动互联网环境下基础力学移动学习模式研究 [J]. 高教学刊, 2019 (19).

30. 蒲生红. 移动互联网在汽车维修技术中的运用 [J]. 时代汽车, 2019 (10).

31. 张妍, 蔡晶波. 探究移动互联网环境下电子政务的应用模式 [J]. 信息记录材料, 2019, 20 (8).

32. 方雷. 移动通信技术与互联网技术的结合发展探讨 [J]. 信息通信, 2019 (4).

33. 俞先梅, 胡小茜. 移动互联网促进学习的发展趋势 [J]. 信息与电脑, 2019 (11).

34. 师妮. 互联网环境下学生网络学习适应性研究 [J]. 记者摇篮, 2020 (12).

35. 张姝. "互联网+" 时代的移动学习发展 [J]. 数字技术与应用, 2020 (38).

36. 罗德均. "互联网+" 背景下我国高校教师职业技术培训所面临的挑战和对策探讨 [J]. 现代职业教育, 2020 (32).

37. 郑勤华. "互联网+" 时代的教师角色转变 [J]. 在线学习, 2020 (12).

38. 翟轶，韩涛."互联网+"时代下移动学习的实践与思考 [J]. 天津教育，2021（1）.

三、学位论文类

1. 冯婧禹. 泛在学习环境下学习资源推荐系统的研究与设计 [D]. 北京：北京交通大学，2015.

2. 王洲. 手机网络对青少年生活方式的影响研究 [D]. 杭州：杭州师范学院，2015.